工业和信息化
精品系列教材·**电子信息类**

U0160646

Altium Designer
原理图与PCB设计
（项目式｜微课版）

姚四改◎主编

Schematic Diagram
& PCB Design

人民邮电出版社

北 京

图书在版编目（CIP）数据

Altium Designer原理图与PCB设计 : 项目式 : 微课版 / 姚四改主编. -- 北京 : 人民邮电出版社，2022.10
工业和信息化精品系列教材. 电子信息类
ISBN 978-7-115-59780-9

Ⅰ. ①A… Ⅱ. ①姚… Ⅲ. ①印刷电路－计算机辅助设计－应用软件－教材 Ⅳ. ①TN410.2

中国版本图书馆CIP数据核字(2022)第133327号

内 容 提 要

本书全面系统地介绍了 Altium Designer 2014 的使用方法，着重从实际应用方面介绍电路原理图设计、电路原理图元器件制作、元器件封装类型制作、PCB 设计 4 部分内容。本书为项目驱动式教材，由 6 个难度逐渐增加的典型工作项目组成，分别为绘制稳压电源电路原理图、绘制照明电路原理图、设计稳压电源单面 PCB、设计照明电路双面 PCB、设计单片机电路双面 PCB，以及设计单片机电路四层 PCB。每个项目由多个工作任务组成，每个项目中都附有学生悟道、技能链接、实战项目等部分供读者拓展知识和锻炼技能。

本书可作为中等、高等职业院校电子信息类相关专业的教材，也可供相关专业人员参考使用。

◆ 主　　编　姚四改
　　责任编辑　赵　亮
　　责任印制　王　郁　焦志炜
◆ 人民邮电出版社出版发行　　北京市丰台区成寿寺路 11 号
　　邮编　100164　电子邮件　315@ptpress.com.cn
　　网址　https://www.ptpress.com.cn
　　固安县铭成印刷有限公司印刷
◆ 开本：787×1092　1/16
　　印张：12　　　　　　　　　2022 年 10 月第 1 版
　　字数：296 千字　　　　　　2025 年 2 月河北第 5 次印刷

定价：49.80 元

读者服务热线：(010)81055256　印装质量热线：(010)81055316
反盗版热线：(010)81055315

前言 PREFACE

党的二十大报告指出要坚持把发展经济的着力点放在实体经济上，推进新型工业化，加快建设制造强国、质量强国、航天强国、交通强国、网络强国、数字中国。党的二十大报告还指出要加快实施创新驱动发展战略，加快实现高水平科技自立自强。党的二十大为电子信息产业发展指明了前进方向、提供了根本遵循。印制电路板（Printed Circuit Board，PCB）是电子信息产业中的重要部件之一，其设计质量直接决定了电子产品的各项性能指标。PCB设计是从事电子及相关行业的工作者必备的技能。Altium Designer 是软件开发商 Altium 公司推出的一款电子产品开发软件。该软件融合了原理图设计、PCB 设计、电路仿真、FPGA设计等功能，为设计者提供了综合性的设计平台，使设计者可以轻松进行设计。熟练使用该软件可使 PCB 设计的质量和效率大大提高。

本书为项目驱动式教材，由 6 个难度逐渐增加的典型工作项目组成，每个项目都有岗位素养、学生悟道以及技能链接等，力求循序渐进地引导学生熟练掌握 Altium Designer 2014软件，灵活运用各种制板方法和技巧，设计出符合行业规范的、实用的 PCB。

本书的主要特点如下。

（1）目标明确，实用性强。本书精心设计了由浅入深的 6 个项目，使学生通过完成项目逐渐提高实际电子线路设计能力，书中提示和技能链接等内容有助于学生在工作中解决实际问题。

（2）项目化教学模式。每一项目实施过程即是师生教和学的活动，学生可从中直接获取实际工作经验，有助于提高学生综合素质和就业能力。

（3）难易适中，易获得成就感。项目实施完毕后，学生都能够完成相应的完整作品，从而产生成就感，激发学生学习兴趣。实战项目更有助于培养学生的实践能力和创新精神。

（4）配套教学资源丰富。本书配套微课视频及其他教学资源，读者可登录人邮社区（https://www.ryjiaoyu.com）下载查看，实现泛在学习、移动学习、线上线下混合学习。

本书由武汉职业技术学院姚四改主编。由于编者水平有限，书中不妥或疏漏之处在所难免，殷切希望广大读者批评指正。同时，恳请读者一旦发现错误，于百忙之中及时与编者联系，以便尽快更正，编者将不胜感激。

编者
2023 年 1 月

目录 CONTENTS

项目 6

设计单片机电路四层 PCB ┄149

项目1
绘制稳压电源电路原理图

01

岗位素养

- 先设置软件环境，后使用软件。
- 设置自己的文件存放或备份路径。
- 一定要检测修改设计的原理图。

项目导读

稳压电源（Stabilized Voltage Supply）电路是电子产品中最常见的电路。稳压电源电路的种类比较多，大体可分交流稳压电源和直流稳压电源两大类。稳压电源电路广泛应用于现代电子产品的稳压和保护，如计算机、医疗仪器、通信广播设备、科研院校教学设备、家用电器等。

稳压电源电路原理图如图 1-1 所示。电路的输出直流电源电压范围为 1.25～25V。该电路的使用范围非常广泛，当电源的输出电压调到 5V 时可以给单片机系统供电；当调到 9～12V 时可以给通用信号放大器供电；当调到 20～25V 时可以给 4～20mA 输出的传感器供电；等等。该电路的关键元器件是 LM317T。它集成了输出调整和稳压控制电路，在输入电压与输出电压差别较大时要求其输出电流不能太大，最大不得超过 500mA。

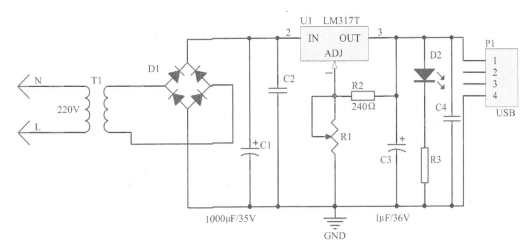

图 1-1　稳压电源电路原理图

重难点内容

- 搭建 PCB 工程文件框架。
- 软件系统及原理图工作环境设置。
- 原理图设计步骤。
- 原理图的检测与修改。
- 原理图个性化元器件库的创建及使用。

相关知识

（一）实际电路板种类

印制电路板（Printed Circuit Board，PCB），又称印刷线路板，简称"印制板"。它是电子产品的重要部件，是电子元器件的支撑体，是电子元器件间电气连接的提供者，是设计技术指标的最终体现。PCB 设计水平直接决定了电子产品性能的好坏。

印制电路板可分为单面板（Single-Sided Board）、双面板（Double-Sided Board）和多层板（Multi-Layer Board）。

1. 单面板

仅一面绝缘基板具有导电图形的印制电路板称为单面印制电路板，简称"单面板"，如图 1-2 所示。集中放置插针式（或多数表贴式）元器件的一面叫顶层（Top Layer），如图 1-2（a）所示；有导电图形的一面叫底层（Bottom Layer），如图 1-2（b）所示。

（a）顶层　　　　　　　　　（b）底层

图 1-2　单面板

单面板结构简单，没有过孔，只能在一面布线，适用于线路相对简单的电子产品。

2. 双面板

绝缘基板的两面都有导电图形的印制电路板称为双面印制电路板，简称"双面板"，如图 1-3 所示。由于绝缘基板两面都有导电图形，所以一般采用金属化过孔（Via）使两面的导电图形连接起来，元器件集中放置在印制电路板的顶层（Top Layer）。

双面板两面均可布线，布线比较容易，能较好地解决电磁干扰问题，适用于线路比较复杂的电子产品。

3. 多层板

有 3 层以上导电图形的印制电路板称为多层印制电路板，简称"多层板"，如图 1-4 所示。多层板一般由几层较薄的单面板或双面板叠合压制而成，板层数通常为 4、6、8 层等（VCC

为电源层、GND 为地层）。各层导电图形间通过金属化过孔实现电气连接，过孔示意图如图 1-5 所示。

多层板多面均可布线，布线相当容易，特别适用于线路复杂、印制电路板体积很小的精密电子产品。常见的计算机主板一般为四层或六层板，本书的项目 6 就是一个四层 PCB设计项目。

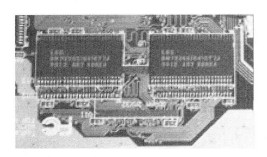 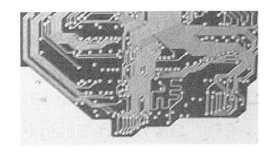

（a）顶层　　　　　　　　　　　　　　　（b）底层

图 1-3　双面板

图 1-4　多层板　　　　　　　　　　　　图 1-5　过孔示意图

（二）用 Altium Designer 2014 设计 PCB 的模块

掌握 PCB 设计是电子 CAD 课程的核心和最终目标。Altium Designer 2014 （简称"AD2014"）是一款专业的 PCB 设计软件，支持软性和软硬复合电路板设计，可将原理图设计、PCB 布线、仿真分析及可编程设计等功能集成为一体化解决方案，为 PCB 工程师打开了更多电子产品创新的大门。

本课程中每一个 PCB 设计项目至少包括 4 个模块的设计：电路原理图（Schematic，SCH）设计、元器件原理图符号设计、印制电路板设计、元器件封装类型设计。设计模块关系图如图 1-6 所示。

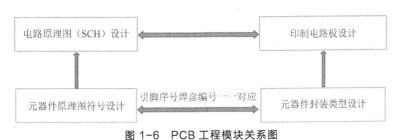

图 1-6　PCB 工程模块关系图

项目目标

- AD2014 系统参数的设置。
- 原理图工作环境设置。
- 绘制稳压电源电路原理图。

任务 1.1　Altium Designer 2014 系统参数设置

本任务主要介绍 Altium Designer 2014 中常涉及的操作：3 种启动方法、中文环境设置、系统文件及备份文件路径设置、系统工作面板的管理等。

1.1.1　启动 Altium Designer 2014

启动 Altium Designer 2014 主要有如下 3 种方法。

方法 1：在 Windows 开始菜单中找到 Altium Designer 2014 程序项并单击，即可启动 Altium Designer 2014。

方法 2：在桌面上双击 Altium Designer 2014 快捷图标，启动 Altium Designer 2014。

方法 3：双击 Altium Designer 2014 安装目录中的可执行文件，启动 Altium Designer 2014。

Altium Designer 2014 启动画面如图 1-7 所示。通过该画面可以区别出软件的版本号。Altium Designer 2014 初始界面如图 1-8 所示，此时软件系统为英文工作环境。

图 1-7　Altium Designer 2014 启动画面

图 1-8　Altium Designer 2014 初始界面

提示 在安装 Altium Designer 2014 软件时，最好将 DXP2004 中的元器件库（Library）、设计举例（Example）、设计模板（Temple）一起复制到 Altium Designer 2014 相应目录中。

1.1.2 中文环境的设置

Altium Designer 2014 中文环境的设置步骤如下。

（1）单击菜单栏中的"DXP"菜单，弹出图 1-9 所示的"DXP"下拉菜单，从中选择"Preferences（参数选择）"命令，打开"Preferences"对话框，如图 1-10 所示。

图 1-9 "DXP"下拉菜单

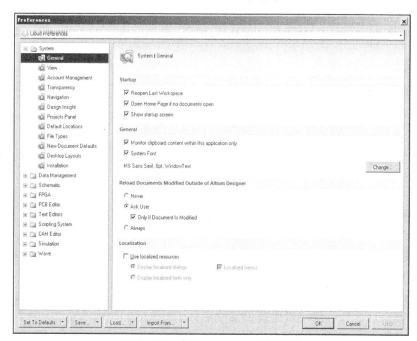

图 1-10 "Preferences"对话框

（2）在该对话框中，展开"System"的"General"选项，选中对话框右侧"Localization"选项组中的"Use localized resources（使用当地资源）"复选框，此时系统会弹出使用当地资源并确认提示框，如图 1-11 所示。

> **提示** 中文环境的设置需要重新启动 Altium Designer 2014 软件后才能生效。

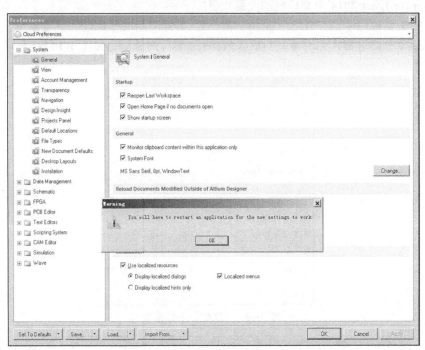

图 1-11　使用当地资源并确认提示框

> **提示** 在 Altium Designer 2014 软件中，不同的设计环境下的菜单内容也不尽相同，同学们一定要注意观察。

1.1.3　系统文件及备份文件路径的设置

系统文件及备份文件路径的设置步骤如下。

（1）设置默认打开文件和库的路径。系统参数主要用于设置系统工作环境，执行"DXP"→"参数选择"命令，打开"参数选择"对话框，展开"System"选项后选择"Default Locations"选项，根据软件安装位置（软件安装位置可自定义，请注意本书的 Altium Designer 2014 软件安装在 D 盘上）选择默认打开文件和库的路径，如图 1-12 所示。

（2）文件备份设置。展开"Data Management"选项后选择"Backup"选项，可以在对话框右侧将自动保存的路径设为备份文件夹。自动保存的时间间隔、保存个数及路径由自己选定，如图 1-13 所示。

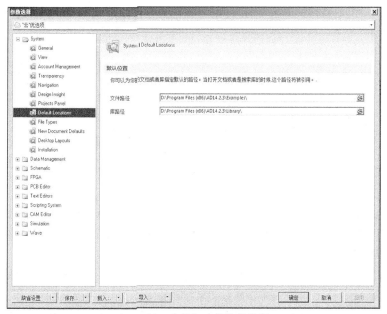

图 1-12　文件和库的路径设置

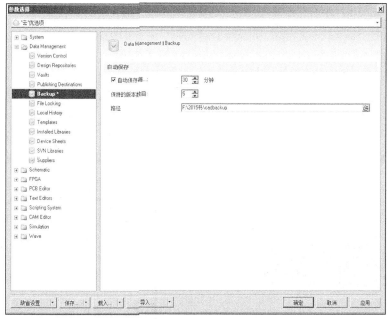

图 1-13　文件备份设置

1.1.4　系统工作面板管理

Altium Designer 2014 采用不同的工作面板来进行各种管理和操作，常用的系统工作面板有"Files"工作面板、"Projects"工作面板、"Message"工作面板、"库..."工作面板等，Altium Designer 2014 常用工作面板及其作用如表 1-1 所示。

表 1-1　常用工作面板及其作用

工作面板	功能
Files	Altium Designer 2014 为用户提供的文件操作中心，可轻松新建、打开各类文件
Projects	项目管理面板，可管理工作区或项目中的所有设计文件
Message	对文档或项目进行编译等操作时，给出相应错误、警告等信息，方便用户编辑、查找、修改电路中的错误等
库...	提供对所选元器件的预览、快速查找、放置、元器件库加载与删除等多种便捷而又全面的功能

1. 打开/关闭各类工作面板方法

（1）执行"查看"→"工作区面板"→"System"命令，可打开/关闭系统工作面板。

（2）双击界面右下角面板控制中心"System"的相关项同样可以打开/关闭系统工作面板。

2. 工作面板状态

（1）浮动状态。面板浮动显示如图 1-14 所示，工作面板右上角有一个浮动按钮 ，鼠标指针放在工作面板名称上时该工作面板会自动出现。

（2）锁定状态。面板锁定显示如图 1-15 所示，工作面板右上角有一个锁定按钮 ，一般 Files　Projects 两个工作面板叠加摆放在屏幕的左下角。

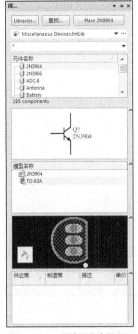

图 1-14　面板浮动显示

图 1-15　面板锁定显示

任务 1.2　原理图工作环境设置

　　本任务介绍稳压电源 PCB 工程项目架构的建立、原理图图纸设置、标题栏填写、元器件库面板管理、LM317T 元器件库的加载等内容。

微课 1-2

1.2.1　新建一个 PCB 工程项目

新建 PCB 工程项目的步骤如下。

（1）在用户盘（如 D 盘）上新建一个目录（可以将目录命名为"学生的班级＋姓名"），并在该目录中再建一个"项目 1"目录。

（2）展开"文件"→"新建"菜单，如图 1-16 所示。

（3）执行"文件"→"新建"→"工程"→"PCB 工程"命令，新建一个 PCB 工程。

（4）执行"文件"→"新建"→"原理图"命令，新建一个原理图文件。

（5）执行"文件"→"新建"→"PCB"命令，建一个 PCB 文件。

（6）执行"文件"→"新建"→"库"→"原理图库"命令，新建一个原理图库文件。

（7）执行"文件"→"新建"→"库"→"PCB 元器件库"命令，新建一个 PCB 元器件库文件。

（8）执行"文件"→"保存工程为"命令，将 5 个新建文件保存到"项目 1"目录中，如图 1-17 所示。注意需要重新命名 5 个文件。

图 1-16　"新建"菜单

yao ＞ ＊＊＊＊＊ ＞ 项目 ＞ 项目1			
名称	修改日期	类型	大小
PcbLib1	2021-3-15 20:46	Protel PCB Library	71 KB
Schlib1	2021-3-15 20:46	Altium Schematic Library	4 KB
稳压电源电路	2021-3-14 11:39	Protel PCB Document	116 KB
稳压电源电路	2021-11-11 14:26	Altium PCB Project	37 KB
稳压电源电路	2021-11-11 14:12	Altium Schematic Document	11 KB

图 1-17　"项目 1"目录

1.2.2　原理图工作环境设置

微课 1-3

1. 图纸设置

在原理图绘制过程中，大多数情况下系统默认给出的图纸不一定符合设计要求，因此，图纸的大小、形状、标题栏、设计信息等内容一般要根据设计电路图的复杂程度进行重新设置，以符合实际工作的需要。双击图 1-15 所示"Projects"工作面板中的"稳压电源电路.SchDoc"文件名称，进入原理图设计界面，如图 1-18 所示。

执行"设计"→"文档选项"命令，打开"文档选项"对话框，切换到该对话框的"方块电路选项"选项卡，如图 1-19 所示。在"标准风格"和"自定义风格"选项组中可以进行图纸尺寸的设置；在"选项"选项组中可以设置图纸的边界、颜色、标题栏形状等内容；在"栅格"选项组中可以设置"捕捉"的栅格为"10"，"可见的"的栅格为"10"；"电栅格"选项组一般不设置。

因为稳压电源电路原理图比较简单，建议采用自定义图纸的大小。在"自定义风格"选项组中，选中"使用自定义风格"复选框，在"定制宽度"和"定制高度"文本框中输入"900"和"700"，其他参数采用默认值。

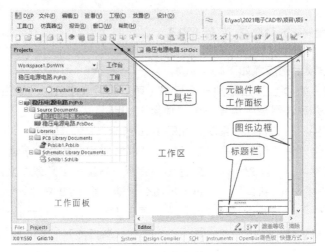

图 1-18　原理图设计界面

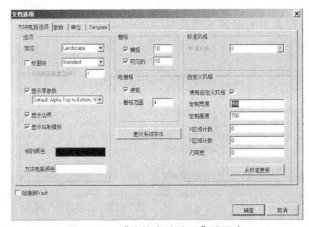

图 1-19　"方块电路选项"选项卡

> **提示**　① 一般情况下，电栅格的值≤捕捉栅格的值≤可见的栅格的值。在 SCH 设计环境中，
> 这 3 种网格分别设置成 8、10、10。请注意，在 PCB 设计的 4 个模块环境中，
> 这 3 种栅格的值要保持一样。
> ② 鼠标指针放在图纸内，按"PageUp"键可以放大图纸，按"PageDown"键可
> 以缩小图纸。

2. 标题栏填写

实际工作中标题栏填写的内容是非常有用的，建议同学们养成填写其相关内容的好习惯。
标题栏填写分以下 3 步进行。

（1）选中"转化特殊字符"复选框。

执行"DXP"→"参数选择"命令，打开"参数选择"对话框，展开"Schematic"选项，
选中"Graphical Editing"选项中的"转化特殊字符"复选框，如图 1-20 所示。

> **提示**　一般情况下，选中"转化特殊字符"复选框工作只需做一次。

图 1-20 选中"转化特殊字符"复选框

（2）填写图纸设计信息。

"文档选项"对话框中的"参数"设置如图 1-21 所示。一般可以只填写如表 1-2 所示的几个选项内容。

图 1-21 "参数"设置

在项目 1 中，本书对这些参数的设置如下："DrawnBy"的数值为作者名，如本项目为"姚四改"，"Title"为绘制电路名，如本项目为"稳压电源电路"，"SheetNumber"为图纸序号，如本项目为"1"，"SheetTotal"为图纸总数，如本项目为"1"。

表 1-2　"参数"选项卡部分参数的含义

参数	含义
DrawnBy	作者名
Title	绘制电路名
SheetNumber	图纸序号
SheetTotal	图纸总数

（3）标题栏内容的显示。

执行"放置"→"Text String"命令，十字形工作光标上粘着一个文本字符串（Text），此时按"Tab"键可打开"标注"对话框，如图 1-22 所示。在该对话框的"文本"下拉列表中，选择"=Title"选项，单击"确定"按钮后十字形工作光标上粘的内容变为"稳压电源电路"，把它放在标题栏的 Title 空白处。采用同样的方法依次再放置 3 个文本字符串，在"标注"对话框的"文本"下拉列表框中分别选择"=SheetNumber""=SheetTotal"和"= DrawnBy"选项。显示相关内容后的标题栏如图 1-23 所示。

图 1-22　"标注"对话框

图 1-23　显示相关内容后的标题栏

1.2.3　元器件库管理

微课 1-4

1. 元器件库工作面板介绍

执行"设计"→"浏览库"命令，调出图 1-24 所示的"库…"工作面板，该面板主要由当前元器件库名、过滤条件、库中元器件列表、原理图符号、元器件模型名称、PCB 元器件符号等部分组成。

（1）当前元器件库名。该栏中列出了当前项目已加载的所有库文件，单击按钮 可以浏览查看。

（2）过滤条件。一般为"*"。

（3）库中元器件列表。库中元器件列表列出了当前元器件库中所有元器件名称。

（4）元器件模型名称。一般有 PCB 封装模型、仿真模型等。

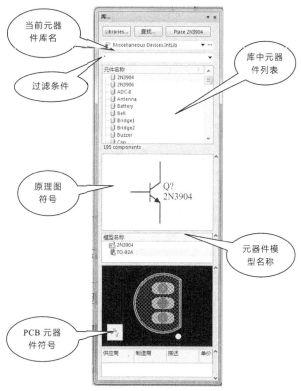

图 1-24　"库…"工作面板

> **提示**　一般电阻、电容等常用元器件在"Miscellaneous Devices.IntLib"集成元器件库中，常用接插元器件在"Miscellaneous Connectors.IntLib"集成元器件库中。这两个集成元器件库也是系统安装时默认打开的元器件库。

2．LM317T 所在元器件库的加载

（1）执行"设计"→"添加/移动库"命令，或在"库…"工作面板中单击"Libraries…"按钮，可打开图 1-25 所示的"可用库"对话框。

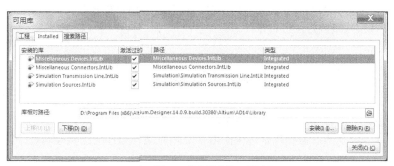

图 1-25　"可用库"对话框

（2）单击"安装"按钮，在"打开"对话框中选择软件安装路径中元器件库"Library"目录，展开元器件库目录，找到并单击"ST Microelectronics"文件夹，双击元器件库名"ST Power Mgt Voltage Regulator.IntLib"，如图 1-26 所示，将该集成元器件库加载到可用元器件库列表中，加载完成后如图 1-27 所示。

图 1-26　选择库文件

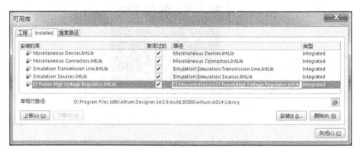

图 1-27　元器件库加载完成

提示　① 为了提高计算机的工作效率，一般只加载常用的元器件库，其他元器件库当需要时再临时加载，不需用时要及时卸载掉。

② 卸载元器件库方法。若要卸载"ST Power Mgt Voltage Regulator.IntLib"集成元器件库，选中该库名并单击图 1-27 中所示的"删除"按钮可将该集成元器件库从可用元器件库列表中卸载掉。

③ 当不知道元器件所在的元器件库名时，可以采用查找方法找到 LM317T，请按照技能链接所教方法进行查找。

任务 1.3　绘制稳压电源电路原理图

本任务介绍设计原理图的流程、绘制电路原理图具体步骤、编译检测与修改电路原理图、创建原理图个性化元器件库、原理图个性化元器件库的应用、原理图的保存与打印等内容。

1.3.1　设计电路原理图流程

设计电路原理图流程如图 1-28 所示。

微课 1-5

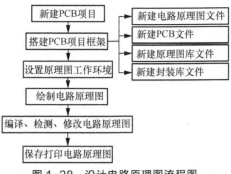

图 1-28　设计电路原理图流程图

1.3.2　绘制电路原理图步骤

绘制电路原理图的具体步骤如下。

1. 打开 PCB 项目

执行"文件"→"打开工程"命令，打开上一任务中建立的"稳压电源电路"PCB 项目，双击"稳压电源电路.SchDoc"名称进入原理图工作界面，如图 1-29 所示。

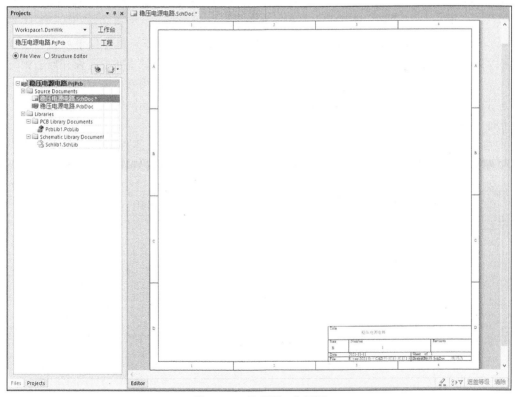

图 1-29　原理图工作界面

2. 设置原理图工作环境

原理图图纸大小、标题栏填写内容、原理图工作环境的设置与任务 1.2 保持一致。

3．绘制电路原理图

（1）放置电路关键元器件 LM317T。参照表 1-3 所示的元器件参数表，在"库…"工作面板中，设置当前元器件库为"ST Power Mgt Voltage Regulator.IntLib"，在元器件列表中选择元器件"LM317T"。双击"LM317T"或单击右上角的"Place LM317T"按钮，此时十字形工作光标上会粘连着一个 LM317T 元器件符号，单击鼠标左键即可将它放置到图纸中。

表 1-3　元器件参数

编号	库中参考名称	元器件标称值	元器件库名
U1	LM317T	LM317T	ST Power Mgt Voltage Regulator.IntLib
R1、R2、R3	RPot、Res2、Res2	5.1kΩ可调、240Ω、1kΩ	Miscellaneous Devices.IntLib
C1、C3、C2、C4	Cap Pol1、Cap Pol1、Cap、Cap	1000μF、1μF、0.1μF、0.1μF	
T1、D1、D2	Trans、Bridge1、LED1	Trans、Bridge1、LED1	
P1、N、L	Header 4、Plug、Plug	—	Miscellaneous Connectors.IntLib

（2）放置 Devices 库中的元器件。参照表 1-3 所示的元器件参数表，在"库…"工作面板中，设置当前元器件库为"Miscellaneous Devices.IntLib"，在元器件列表中选择元器件"Res2"。双击"Res2"或单击右上角的"Place Res2"按钮，此时十字形工作光标上会粘连着一个"Res2"电阻元器件符号，单击鼠标左键即可将它放置到图纸上适当的位置。依照上述方式，将其余 RPot、Cap Pol1、Cap、Trans、Bridge1、LED1 元器件也放置在图纸中，每个元器件在放置时都会带有一个默认参数值。

（3）放置 Connectors 库中的元器件。参照表 1-3 所示的元器件参数表，在"库…"工作面板中，设置当前元器件库为"Miscellaneous Connectors.IntLib"，在元器件列表中分别选择元器件"Header 4""Plug"，将电路中用到的接插件也放置到图纸的适当位置。综观全局调整各个元器件的位置，放置好稳压电源电路中所用元器件的图纸如图 1-30 所示。

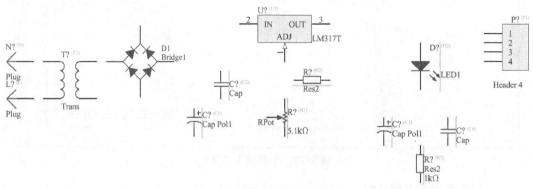

图 1-30　放置好元器件的图纸

> 提示　① 绘制电路图时最好关闭汉字输入法。
> 　　　② 单个元器件的移动方法如下：鼠标指针放到要移动的电气对象上，按住鼠标左键不松开，拖曳该对象到目标位置后再松开鼠标左键即可。
> 　　　③ 放置元器件同时按"Space（空格）"键可以旋转元器件，有 0°、90°、180°、270° 4 个方向。
> 　　　④ 放置元器件时，两个相邻元器件的引脚不能连在一起，至少要有一个栅格的间隔。

（4）编辑各元器件属性。电路中每个元器件的标识符必须是唯一的，但电路中可以有多个元器件具有相同的标称值，请参照表 1-3 修改图 1-30 中各元器件属性。例如，变压器的属性修改步骤为：双击变压器 T1，打开其属性对话框，单击 添加(A) (A)... 按钮，打开图 1-31 所示的"参数属性"对话框，"名称"填入"value"，"值"填入"220V"并选中"可见的"复选框。T1 属性对话框设置如图 1-32 所示。

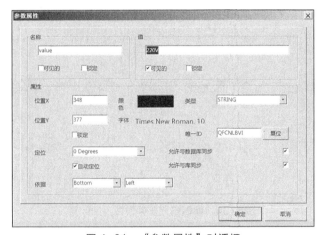

图 1-31　"参数属性"对话框

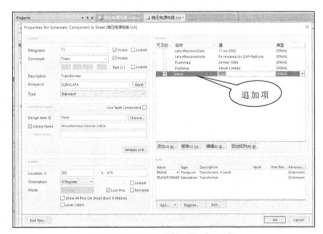

图 1-32　T1 属性对话框设置

再如，电容 C1 的属性修改步骤为：双击电容 C1，打开其属性对话框，设置"Designator"（元器件标识符）为"C1"，取消选中"Comment"（注释）下拉列表框后面的"Visible"复选框，并设置元器件参数值为"1000μF/35V"，C1 属性对话框设置如图 1-33 所示。元器件属性全部修改完后的电路如图 1-34 所示。

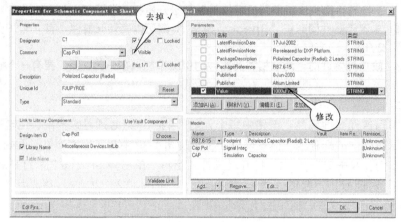

图 1-33　C1 属性对话框设置

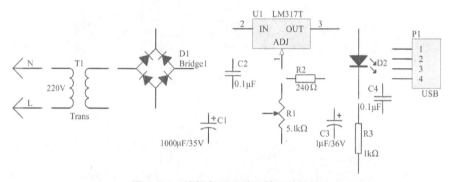

图 1-34　编辑各元器件属性后的效果

提示　原理图绘制时一般只需设置元器件标识符、元器件参数值及其注释是否需要显示等内容。

（5）放置电连接线。放置电连接线的目的是按照电路设计要求实现网络的电连通。可单击图 1-35 所示的"布线"工具栏上的"Wire"按钮，或执行"放置"→"线"命令，鼠标指针变为小十字形时，表示处于连线状态。例如，连接 C1、C2 两个电容时，首先移动鼠标指针到 C1 元器件引脚端点上，单击一次鼠标左键，然后移动鼠标指针到 C2 元器件引脚端点上，再单击鼠标左键，即可将 C1、C2 的两个引脚连接起来，如图 1-36 所示。依照上述方法放置其他的电连接线。

提示　① 执行"查看"→"工具栏"→"布线"命令，可打开或关闭"布线"工具栏。
② 按"Shift＋Space"组合键可以让放置的电连接线有多种转弯方式。

（6）放置电连接节点。放置电连接线时系统会自动给出一些电连接节点，节点效果如图 1-37 所示。若需要另外放置节点，可执行"放置"→"手工节点"命令进行手动放置节点，这时十字形工作光标上会粘着一个小圆点（即电连接节点），在电路交叉点上单击鼠标左键，即可放置一个电连接节点（注意：应分析电路原理判断是否真的需要放一个电连接节点）。

图 1-35　"布线"工具栏

图 1-36　放置电连接线

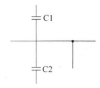

图 1-37　节点效果

（7）放置电源（VCC）和地（GND）。VCC 和 GND 是电路图中不可缺少的电气对象。可单击图 1-35 所示的"布线"工具栏上的电源按钮或地按钮，十字形工作光标上会粘着一个电源或地电气对象，单击一次鼠标左键，即可放置一个电源或地电气对象。

也可以执行"放置"→"电源端口"命令，十字形工作光标上也会粘有一个对象，此时按"Tab"键，打开图 1-38 所示的"电源端口"对话框，在"网络"文本框中输入"VCC"或"GND"网络名称，在"类型"栏选取所需的电源/地的形状，确认后，即可在电路图中放置一个相关的电源或地对象。绘制好的稳压电源电路原理图如图 1-39 所示。

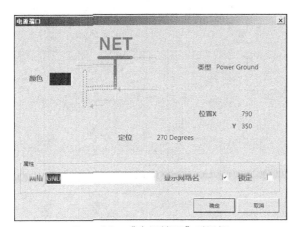

图 1-38　"电源端口"对话框

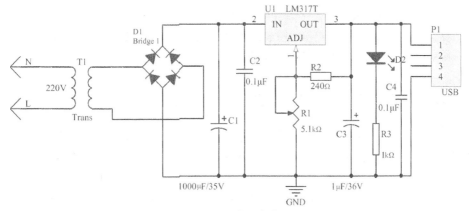

图 1-39　稳压电源电路原理图

1.3.3　编译检测与修改电路原理图

编译检测与修改电路原理图的步骤如下。

（1）执行"工程"→"Compile Document 稳压电源电路.SchDoc"命令，系统会自动对该电路进行编译，实际上是对电路进行电气规则检测，检测结果存放在"Messages"工作面板中。单击面板控制中心的"System"菜单，调出"Messages"工作面板，如图 1-40 所示。该信息提示 U1 的 1 脚也许没有输入驱动信号，而本电路是利用 R1、R2 分压来提供 U1 的 1 脚输入驱动信号的，所以此处没有问题。

Class	Document	Source	Message	Time	Date	No.
[Warning]	稳压电源电路.SchDoc	Compiler	Net NetR1_2 has no driving source (Pin R1-2,Pin R1-3,Pin R2-1,Pin U1-1)	16:11:44	2021-11-11	1
[Info]	稳压电源电路.PrjPcb	Compiler	Compile successful, no errors found.	16:11:44	2021-11-11	2

图 1-40　"Messages"工作面板

（2）单击图 1-35 所示的"布线"工具栏中的按钮✕，在 U1 的 1 脚处放置一个"忽略 ERC 检查指示符"，如图 1-41 所示。重新执行"工程"→"Compile Document 稳压电源电路.SchDoc"命令，再次打开系统的"Messages"工作面板，信息提示电路没有错误。

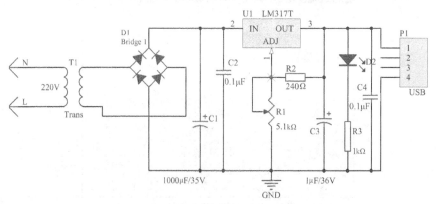

图 1-41　放置"忽略 ERC 检查指示符"

> **提示**　不同电路在进行编译时，"Messages"工作面板出现的提示内容不尽相同，请注意阅读英文提示，利用自己平时积累的各门课程知识修改电路中的错误。这是一个经验积累的过程，需要大家平时多加练习！

1.3.4　创建稳压电源电路原理图个性化元器件库

多数情况下，同一个原理图中，所用到的元器件由于功能、类型等方面的不同，可能来自于不同的库文件。这些库文件中，有系统提供的集成库文件，也有用户自己创立的原理图库文件，非常不利于项目元器件的管理和用户之间的信息交流。所以有必要为项目的原理图创建一个个性化原理图元器件库，集中管理该电路原理图中的所有元器件，为项目统一管理提供便捷。

（1）在原理图编辑环境中，执行"设计"→"生成原理图库"命令，系统会自动生成"稳压电源电路.SCHLIB"原理图个性化元器件库文件，该库中有 10 个元器件，提示信息如图 1-42 所示。

图 1-42　提示信息

（2）生成原理图库文件后"SCH Library"面板如图 1-43 所示，该项目电路原理图中所有元器件及其相关信息在该面板中均有详细显示。

图 1-43　"SCH Library"面板

1.3.5　修改 Bridge1、LED1 等为空心元器件

原理图个性化元器件库可修改原理图元器件符号各属性内容并及时更新到对应电路原理图中。

（1）双击"稳压电源电路.SCHLIB"原理图个性化元器件库文件名，打开"SCH Library"面板。

（2）单击 Bridge1、LED1 元器件名，编辑区展开器件原理图符号，双击二极管的实心区域并取消"Draw Solid"复选框的选中状态√。如图 1-44 所示。

（3）在"稳压电源电路.SCHLIB"原理图个性化元器件库工作环境中，执行"工具"→"更新原理图"命令，出现更新信息，如图 1-45 所示。依次更新原理图中的 Bridge1、LED1 元器件符号。

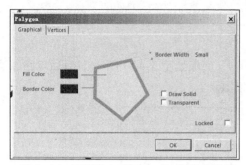

图 1-44　取消选中"Draw Solid"复选框　　　　图 1-45　更新信息

（4）打开"稳压电源电路.SchDoc"文件，调整好以后的稳压电源电路原理图如图 1-46 所示。

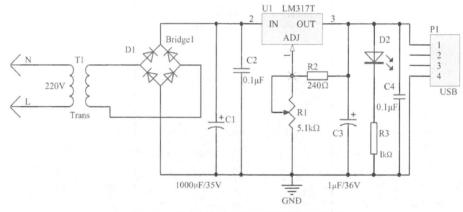

图 1-46　调整好以后的稳压电源电路原理图

（5）回到原理图工作环境，执行"工程"→"Compile Document 稳压电源电路.SchDoc"命令，电路编译没有错误，元器件更新成功。

1.3.6　保存与打印电路原理图

（1）执行"文件"→"保存"命令，或单击工具栏上的按钮 🖫 ，可以直接保存电路图到指定的目录中。

（2）打印输出电路原理图。执行"文件"→"页面设置"命令，打开图 1-47 所示的"原理图打印属性"对话框。在该对话框中，可选择打印纸的尺寸和方向，也可根据需要设置合适的缩放比例。单击"预览"按钮，会打开图 1-48 所示的原理图打印预览对话框。在该对话框中，显示了原理图的最终打印效果。如果对打印效果满意，可单击"打印"按钮，打开图 1-49 所示的打印机设置对话框，单击"确定"按钮即可进行原理图文件的打印工作。

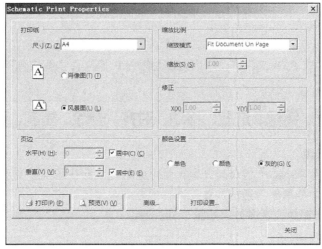

图 1-47　原理图打印属性对话框

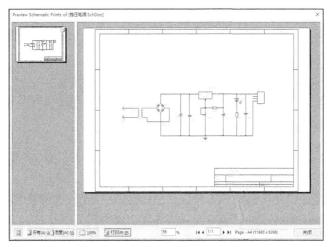

图 1-48　原理图打印预览对话框

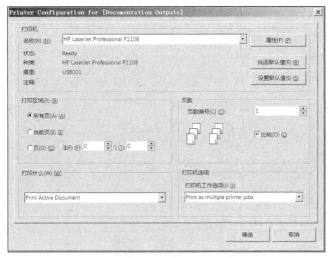

图 1-49　打印机设置对话框

学生悟道

如果 SCH 文件或 PCB 文件或 SCH 库文件或 PCB 库文件中有文件不在项目框架里应如何处理？

技能链接一　镜像、选取、移动、对齐、删除、复制、查找等编辑操作

1．元器件的镜像

大多情况下，用"Space"键旋转元器件就可以将其放置在图纸上使用了，但有时需要配合元器件镜像操作才能得到合适的放置元器件的方向或角度。可按"X"键实现水平镜像，按"Y"键实现垂直镜像，镜像效果如图 1-50 所示。

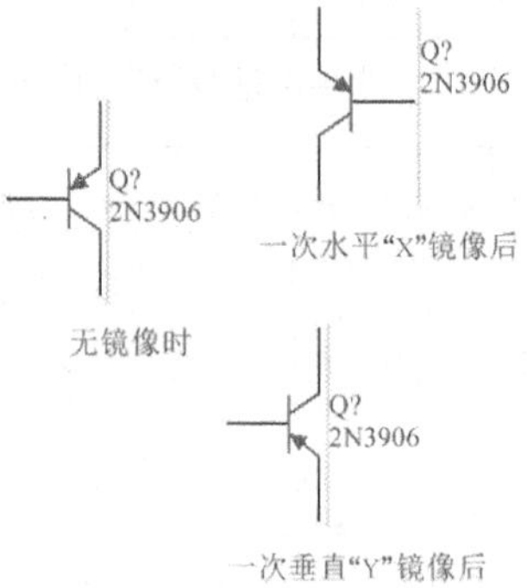

图 1-50　元器件镜像效果

2．元器件的选取、移动和取消

在需要选取的区域或元器件的右下角按住鼠标左键不松开，此时出现十字形工作光标，然后移动鼠标，移至所需选取的区域或元器件的左上角再松开鼠标左键，此时虚框内所有元器件均为被选中状态，如图 1-51 所示；当区域或元器件处于被选中状态时，将鼠标移到任何一个被选中的元器件图形上，鼠标指针变为 ✛ 形状，按住鼠标左键不松开，移动鼠标位置，被选中的对象会跟着一起移动，松开鼠标左键就可以完成区域或元器件的移动工作；若要取消选中状态，只需单击图纸的空白处即可。

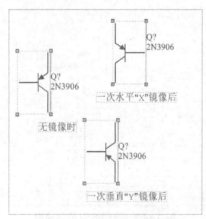

图 1-51　元器件被选中状态

3．元器件的删除、对齐、复制等编辑操作

当区域或元器件处于选中状态时，直接按键盘上的"Delete"键即可实现删除的操作；将鼠标指针移到被选中的元器件图形上，鼠标指针变为 ✛ 形状时，右击出现图 1-52 所示的快捷菜单，可以实现对被选中的元器件的复制（Copy）、剪切（Cut）、粘贴（Paste）、对齐（Align）等操作。

图 1-52　快捷菜单

4．元器件的查找及使用

对于不熟悉或根本不知道元器件所在的元器件库名时，我们可以利用查找（Search）法进行。下面以查找"NE555D"元器件为例进行介绍。单击"库…"工作面板上的"查找"按钮，打开"搜索库"对话框，如图 1-53 所示，填写相关查找内容，单击"查找"按钮执行查找功能，弹出图 1-54 所示的搜索结果。单击"库…"工作面板上的 Place NE555D 按钮，打开"Confirm"对话框，如图 1-55 所示，确认是否将所找到的元器件安装上，建议单击"是"按钮，安装查找到的元器件库，此时指针上粘连着一个"NE555D"元器件。

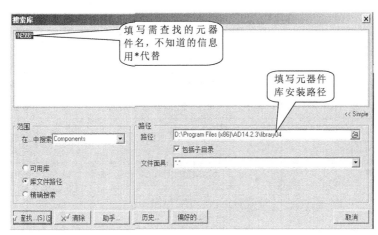

图 1-53　"搜索库"对话框

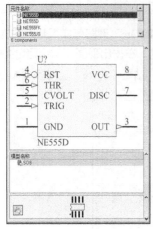

图 1-54　搜索结果　　　　　　　图 1-55　"Confirm" 对话框

实战项目一　绘制实用门铃电路图

实用门铃电路原理图如图 1-56 所示，元器件参数如表 1-4 所示。

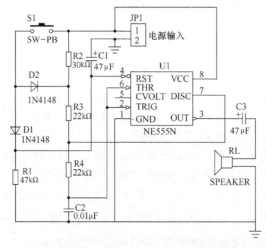

图 1-56　实用门铃电路原理图

表 1-4　元器件参数

编号	元器件参考值	元器件库中参考名
R1、R2、R3、R4	47kΩ、30kΩ、22kΩ、22kΩ	Res2
C1、C3	47μF、47μF	Cap Pol2
C2	0.01μF	CAP
JP1	Header 2	Header 2
U1	NE555N	NE555N
D1、D2	1N4148	Diode 1N4148
RL	SPEAKER	SPEAKER

实战项目二　绘制红外对射电路原理图

红外对射电路原理图如图 1-57 所示，元器件对应的库中参考名如表 1-5 所示。

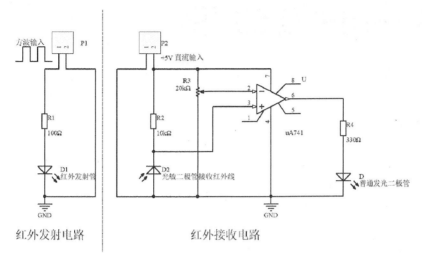

图 1-57　红外对射电路原理图

表 1-5　元器件对应的库中参考名

编号	元器件库中参考名
R1、R2、R4	Res2
R3	Rpot
P1、P2	Header 2
U	uA741
D、D1、D2	LED

项目2
绘制照明电路原理图

02

岗位素养

- 看懂元器件的使用手册。
- 根据元器件使用手册设计元器件原理图符号。
- 工作中积累自制原理图元器件库，以备后续工作中调用。

项目导读

照明电路原理图如图 2-1 所示。它由 CS3020 开关型霍尔集成传感器提供开关式的数字输入信号，构成高灵敏度的无触点开关电路，由 CC4013 构成延时单稳态延时继电器控制电路，由 C2 的放电时间控制灯泡照明时间的长短。电路工作原理简单，实用、可靠、方便。电路中的开关型霍尔集成传感器 CS3020 是利用霍尔效应制作而成，其输出一个高电平或低电平的数字信号。有磁场时，CS3020 传感器输出高电平，没有磁场时，CS3020 传感器输出低电平。

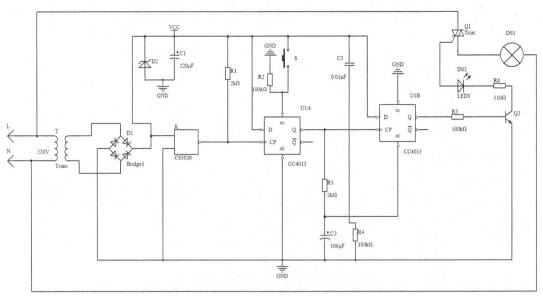

图 2-1 照明电路原理图

重难点内容

- 查找并读懂元器件使用手册。
- 抽取 Devices 元器件库的步骤。
- 定位或捕获栅格的灵活应用。
- 自制原理图元器件库的设计及调用。

相关知识

通过项目 1 中绘制稳压电源电路原理图的过程可知，原理图的设计过程实际上主要是在图纸上放置各类元器件的过程。我们可以将 Protel 原先版本中的元器件库也复制到 Altium Designer 2014 软件库中，或者从官网上下载各类元器件库文件到软件安装目录中，这些元器件库里几乎涵盖了当前所有元器件制造厂商的产品。但是，对于某些比较特殊、非标准化、最新的元器件，可能在软件元器件库中还是无法找到，并且软件提供的元器件原理图符号有可能也不符合具体电路设计需要，这时就需要创建元器件库文件，绘制符合具体电路设计需要的原理图符号。本书重点介绍两种符号的制作：元器件原理图符号设计和元器件封装类型设计。本项目介绍元器件原理图符号设计。

原理图符号代表一个元器件引脚电气连接关系，同一个元器件原理图符号可以具有多种不同图形，但其所包含的元器件引脚信息是唯一的，必须保证其正确。为了便于调用、交流和统一管理，在设计元器件原理图符号时，要尽量与软件系统库中元器件原理图符号在形式、结构及电气特性上等保持一致。

项目目标

- 认识原理图元器件库编辑器设计环境。
- 会设计元器件原理图符号。
- 理解原理图元器件符号的各项属性内容。
- 会调用自制元器件库绘制相关电路原理图。

任务 2.1　认识软件内置元器件库

本次任务介绍 3 点内容：抽取"Miscellaneous Devices.IntLib"内置元器件库、认识原理图元器件库面板组成部分、归纳该库中元器件原理图符号组成规律。

2.1.1　抽取"Miscellaneous Devices.IntLib"内置元器件库

微课 2-1

（1）双击桌面上的 Altium Designer 快捷图标 ，启动 Altium Designer 软件。

（2）执行"文件"→"打开"命令，打开"Choose Document to Open（选择文档打开）"对话框，如图 2-2 所示。在路径 D:\Program Files\Altium\AD14\Library 中找到"Miscellaneous Devices.IntLib"内置库文件。

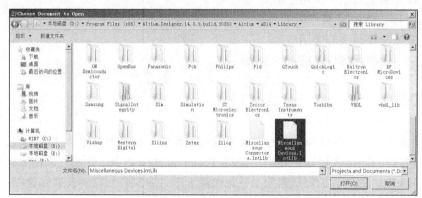

图 2-2　"Choose Document to Open"对话框

（3）双击"Miscellaneous Devices.IntLib"库文件名，打开"摘录源文件或安装文件"对话框，如图 2-3 所示。单击"摘取源文件"按钮，在打开的"萃取位置"对话框中单击"确定"按钮，如图 2-4 所示。

图 2-3　"摘录源文件或安装文件"对话框

图 2-4　"萃取位置"对话框

（4）双击"Projects"工作面板上的"Miscellaneous Devices.SchLib"库文件名，进入原理图库文件的编辑环境，如图 2-5 所示。

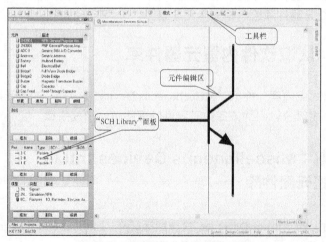

图 2-5　原理图库文件的编辑环境

2.1.2　电路原理图元器件库面板

"SCH Library"面板即电路原理图元器件库面板,是原理图库文件编辑环境的专用面板,通过该面板可以实现对库元器件及其库文件的编辑管理工作。如图 2-6 所示,"SCH Library"面板主要由以下几部分组成。

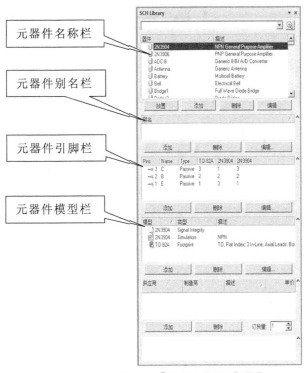

图 2-6　"SCH Library"面板

（1）元器件名称栏:列出当前原理图库文件中的所有元器件名称、元器件的相关特性描述。

（2）元器件别名栏:列出同一个库元器件符号的另外名称。有些元器件的功能、封装、引脚形式等信息完全一致,只是生产厂家不同,只需为其中已有的库元器件符号添加一个或多个别名即可,没有必要为每个厂家、每个元器件都创建一个原理图符号。

（3）元器件引脚栏:列出库元器件的所有引脚信息及其属性,如引脚名称、号码、电气特性、相关封装的引脚号。

（4）元器件模型栏:列出该库元器件的相关模型,包括模型文件名称、模型文件类型、模型文件描述等信息。

2.1.3　电路原理图元器件符号的构成

单击"Miscellaneous Devices.SchLib"库中每个元器件名称,浏览库中所有元器件。元器件原理图符号的组成示意如图 2-7 所示,归纳该库中元器件原理图符号的组成规律如下。

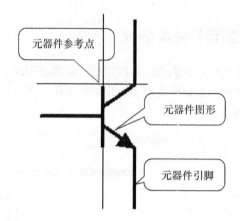

图 2-7　元器件原理图符号组成

（1）一个库文件可以包含多个元器件。

（2）多功能模块元器件每个模块占用一张图纸（如元器件 Res Pack1 排阻）。

（3）元器件编辑区划分为 4 个象限，元器件图形放置在编辑区第四象限、靠近坐标原点处。

（4）库中每个元器件的参考原点均设置在坐标原点处。

（5）库中每个元器件的原理图符号均由元器件图形、引脚两部分组成（注意引脚白色端远离元器件图形）。

（6）执行“工具”→“文档选项”命令，打开“库编辑器工作台”对话框，确认已选中捕捉栅格复选框且设置值为“10”，如图 2-8 所示，确保元器件引脚放在栅格上。

（7）放置元器件引脚时，引脚标识符（Designator）必须是从“1”开始的连续数字。

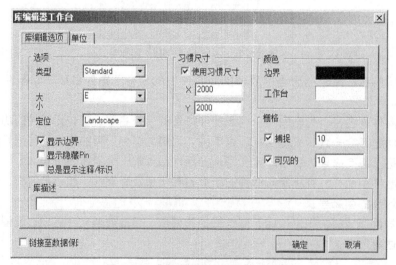

图 2-8　“库编辑器工作台”对话框

<hr>

任务 2.2　创建照明电路项目框架及 SCH 自制元器件库

本任务内容：创建照明电路项目框架、利用复制粘贴法将实心二极管修改为空心二极管、设计 CS3020 元器件原理图符号、设计 CC4013 多功能模块元器件原理图符号等。

2.2.1 创建照明电路项目框架

（1）在学生目录新建一个"项目 2"目录。

（2）执行"文件"→"新建"→"工程"→"PCB 工程"命令，新建一个 PCB 工程。

（3）执行"文件"→"新建"→"原理图"命令，新建一个原理图文件。

（4）执行"文件"→"新建"→"PCB"命令，新建一个 PCB 文件。

（5）执行"文件"→"新建"→"库"→"原理图库"命令，新建一个原理图库文件。

（6）执行"文件"→"新建"→"库"→"PCB 元器件库"命令，新建一个 PCB 元器件库文件。

（7）执行"文件"→"保存工程为"命令，将以上 5 个新建文件保存到"项目 2"中，注意需要重新命名新建的文件。

2.2.2 复制粘贴法自制原理图元器件符号

（1）打开抽取后的"Miscellaneous Devices.SchLib"文件，在"SCH Library"面板的元器件名称栏中找到默认的二极管，如图 2-9 所示。

微课 2-2

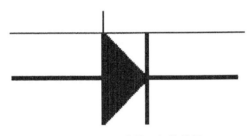

图 2-9　默认二极管符号

（2）在二极管原理图符号右下角，按住鼠标左键，拖曳鼠标画出一个矩形，选中二极管原理图符号，执行"编辑"→"复制"命令，关闭"Miscellaneous Devices.SchLib"库（注意不要保存）。

（3）打开照明电路项目中"mySchlib1.SchLib"原理图库文件，单击工具栏中"粘贴"按钮，在库编辑区第四象限靠近坐标原点处粘贴一个二极管原理图符号。

（4）对准二极管符号实心三角形区域，双击鼠标左键，打开该实心三角形的"属性"对话框，取消选中"拖曳实体"复选框，单击"确定"按钮。

（5）执行"工具"→"重新命名器件"命令，打开"重新命名元器件"对话框，在该对话框的文本框中输入"D"，并单击"确定"按钮。则在原理图库文件"mySchlib1.SchLib"中创建了一个新的二极管原理图符号，如图 2-10 所示。

（6）在"SCH Library"面板 D 元器件名称栏，单击"编辑"按钮，打开"Library Component Properties"对话框，填写相关内容，如图 2-11 所示。

（7）右击"Projects"工作面板中的库文件"mySchlib1.SchLib"，执行快捷菜单中"另存为"命令，将库文件"mySchlib1.SchLib"保存到自己的目录中。

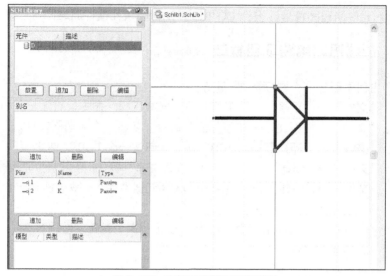

图 2-10　新的二极管原理图符号

图 2-11　"Library Component Properties" 对话框

提示　① 同学们可以用这种复制修改法继续将照明电路中要用到的晶闸管、稳压管、桥堆、
发光二极管等实心元器件均改为空心元器件，以备后续设计电路使用。
② 把系统库中元器件复制到自己的元器件库中后再修改其属性，可以防止不小心损
坏系统元器件库内容，以免给后面工作带来不必要的麻烦。
③ 同学们也可以应用项目 1 的讲解方法：设计原理图→创建原理图元器件库→修改元
器件属性，最后再更新原理图中相应的元器件图形。

2.2.3　CS3020 元器件原理图符号设计

在网上很容易查到 CS3020 高灵敏度霍尔开关的技术手册，其磁电转换特性曲线如图 2-12
所示，常用封装类型为 TO-92UA，其引脚排列如图 2-13 所示。

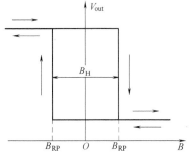

图 2-12　CS3020 磁电转换特性曲线

图 2-13　TO-92UA 封装及元器件引脚排列

（1）展开"SCH Library"面板，库文件"mySchlib1.SchLib"中已经有一个 D 元器件。

（2）执行"工具"→"新器件"命令，在"New Component Name"对话框中输入"CS3020"，如图 2-14 所示，单击"确认"按钮后会打开一张新的元器件编辑图纸。

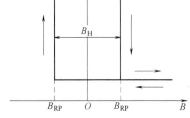

图 2-14　"New Component Name"对话框

（3）执行"工具"→"文档选项"命令，打开"库编辑器工作区"对话框，如图 2-15 所示，检查捕获网格、可视网格值，必须均设置成"10"，以便和原理图环境相配套，其他参数一般不改变。

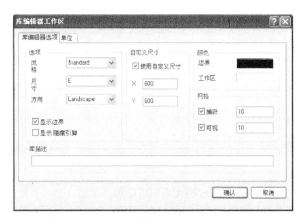

图 2-15　"库编辑器工作区"对话框

（4）执行"放置"→"矩形"命令，光标变为十字形，并粘连一个矩形。按"Tab"键，打开如图 2-16 所示的"矩形"对话框，将矩形"边缘宽"改为"Small"，"边缘色"改为"深蓝色"后，单击"确认"按钮。将矩形移到编辑窗口第四象限内，并使其左上角与坐标原点（X：0，Y：0）重合，单击鼠标左键将矩形的左上角固定，拖曳鼠标画出一个 30mil×40mil 的矩形。

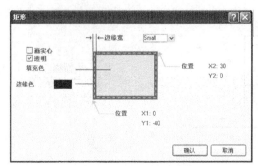

图 2-16　"矩形"对话框

提示　① mil 为英制单位，100mil=2.54cm，系统默认单位为 mil。

　　② 执行"查看"→"切换单位"命令，可以使系统单位在 mil 和 cm 之间转换。
　　执行"放置"→"引脚"命令，则光标变为十字形，并粘连一个引脚符号。此时，按"Tab"键，可打开"引脚属性"对话框。元器件 CS3020 第一个引脚对应的"引脚属性"对话框设置如图 2-17 所示，单击"确定"按钮后，移动鼠标，放置引脚到适当位置，单击鼠标左键确定。各引脚对应的"引脚属性"对话框具体输入内容请参照表 2-1。

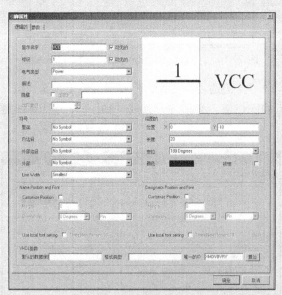

图 2-17　"引脚属性"对话框设置

表 2-1　CS3020 引脚属性

标识符	显示名称	电气类型	方向	长度/mil
1	VCC	Power	180°	20
2	GND	Power	180°	20
3	VOUT	Output	0°	20

　　③ 放置引脚时按"Space"键可调整引脚方向（此时必须是英文状态），十字形工作光标端朝向外放置（即引脚白色端远离元器件图形）。

（5）依照同样操作，完成另外两个引脚放置和相应属性设置，放置全部引脚后效果如图 2-18 所示。

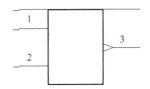

图 2-18　放置全部引脚效果

提示　元器件引脚电气类型共有 8 种，如表 2-2 所示，学生应结合"电路基础""模拟电路"
　　　"数字电路"等前导课程的相关知识来选取每个引脚的电气类型。如果不能确定某一
　　　引脚的具体电气特性，也可以将其设置为 Passive（无源型）。

表 2-2　元器件引脚电气类型

引脚类型	含义	引脚类型	含义
Input	输入型	I/O	输入/输出型（双向型）
Output	输出型	OpenCollector	集电极开路型
Power	电源型	Hiz	高阻型
Passive	无源型	Emitter	三极管发射极型

（6）单击鼠标右键取消放置引脚的工作。

（7）双击"SCH Library"面板上的 CS3020 元器件名，打开"Library Component Properties"对话框，在"Default Designator"文本框输入代表开关的"K？"，如图 2-19 所示。

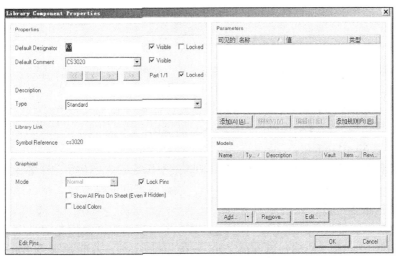

图 2-19　"Library Component Properties"对话框

（8）单击工具栏中的"保存"按钮，保存绘制的 CS3020 元器件原理图符号。

2.2.4 CC4013 多功能模块元器件原理图符号设计

> **提示** 在软件元器件库"ST Logic Flip-Flop.IntLib"中有 CC4013 的原理图符号，在此，只是利用这个元器件讲解多功能模块元器件的原理图符号制作过程。

微课 2-3

CC4013 双上升沿 D 触发器，由两个相同的、相互独立的数据型触发器构成（即 CC4013 是一个含有两个功能模块的元器件），每个触发器有独立的数据、置位、复位、时钟输入和 Q 及 $\overline{Q}$ 输出。在时钟上升沿触发时，加在 D 输入端的逻辑电平传送到 Q 输出端。其功能表如表 2-3 所示。

表 2-3 CC4013 功能表

输入				输出	
CP	D	R	S	Q	$\overline{Q}$
↑	L	L	L	L	H
↑	H	L	L	H	L
↓	×	L	L	保持	
×	×	H	L	L	H
×	×	L	H	H	L
×	×	H	H	H	H

CC4013 元器件顶视图如图 2-20 所示，一般用双列直插式封装，1～6 脚、8～13 脚分别构成两个 D 触发器，V_{DD}（VCC）、V_{SS}（GND）为集成电路的电源、地端。

（1）展开"SCH Library"面板，库文件"mySchlib1. SchLib"中已有元器件 D 和 CS3020。

（2）执行"工具"→"新器件"命令，输入新元器件名称"CC4013"，确认后会打开一张新元器件编辑图纸。

（3）绘制元器件外框。执行"放置"→"矩形"命令，在"矩形"对话框中将"边缘宽"改为"Small"，"边缘色"改为"深蓝色"后，单击"确认"按钮。将矩形移到编辑窗口的第四象限内，并使其左上角与坐标原点（X：0，Y：0）重合，单击鼠标左键将矩形左上角固定，拖拽鼠标确定矩形大小为 60mil×60mil。

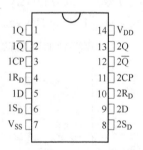

图 2-20 CC4013 元器件顶视图

（4）放置元器件引脚。CC4013A 模块引脚请按参照表 2-3，执行"放置"→"引脚"命令，则十字形光标上粘连一个引脚，移动鼠标，放置引脚到适当位置，单击鼠标左键确定。依次将 8 个引脚放置完成，如图 2-21 所示。

（5）修改各引脚属性。在图 2-21 中左上方第一个引脚处双击鼠标左键，打开"引脚属性"对话框，如图 2-22 所示。引脚长度保持"20"mil，其他引脚修改时参照表 2-4 进行，各"引脚属性"对话框中"标识符""显示名称"文本框后方的"可视"复选框均需选中。CC4013 元器件 Part A 原理图符号如图 2-23（a）所示。

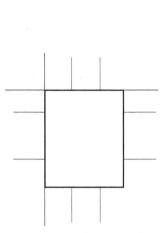

图 2-21　放置完引脚效果

图 2-22　"引脚属性"对话框

表 2-4　CC4013A 模块引脚

标识符	显示名称	电气类型	方向	特殊设置
5	D	Input	180°	
3	CP	Input	180°	内部边沿 Clock
4	R	Input	270°	
7	VSS	Power	270°	
2	Q\	Output	0°	
1	Q	Output	0°	
6	S	Input	90°	
14	VDD	Power	90°	

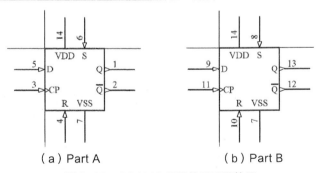

（a）Part A　　　　　　　（b）Part B

图 2-23　CC4013 元器件原理图符号

（6）新建元器件第二个功能模块。执行"工具"→"新部件"命令，"SCH Library"面板中元器件 CC4013 名称前出现一个"+"，单击"+"展开 CC4013，单击"Part A"则编辑区域显示已经画好的 A 模块（即第一模块）。

（7）单击项目工作面板中 Part B 名称，展开一张空白编辑区，该图纸用于绘制元器件 CC4013 的第二个功能模块。

（8）复制第一个功能模块。单击 Part A 名称，回到第一个功能模块编辑区，按住鼠标左键框选第一功能模块，执行"编辑"→"复制"命令，或单击工具栏中的"复制"按钮 📋，复制第一个功能模块。

（9）粘贴第一个功能模块。切换到 Part B 模块，执行"编辑"→"粘贴"命令，移动鼠标指针到坐标原点处单击，将第一个功能模块粘贴到 Part B 编辑区域。

（10）修改 Part B 各引脚属性。双击 Part B 的各引脚，按表 2-5 修改引脚属性，CC4013 元器件 Part B 原理图符号如图 2-23（b）所示。

表 2-5　CC4013B 模块引脚

标识符	显示名称	电气类型	方向	特殊指标
9	D	Input	180°	
11	CP	Input	180°	内部边沿 Clock
10	R	Input	270°	
7	VSS	Power	270°	
12	Q\	Output	0°	
13	Q	Output	0°	
8	S	Input	90°	
14	VDD	Power	90°	

（11）为了减少设计绘图时的连线工作量，可以隐藏元器件 CC4013 的 Part A、Part B 两模块的电源正、负引脚。分别进入 Part A 功能模块、Part B 功能模块中，双击元器件电源 VDD、地 VSS 引脚，打开其"管脚属性"对话框，选中"隐藏"复选框，将"端口数目"均改为"0"，隐藏元器件 VSS 引脚时需填入电路图中地 GND 网络名称，VSS 引脚隐藏设置如图 2-24 所示，隐藏元器件 VDD 引脚时需填入电路图中电源 VCC 网络名称，VDD 引脚隐藏设置如图 2-25 所示。

图 2-24　VSS 引脚隐藏设置

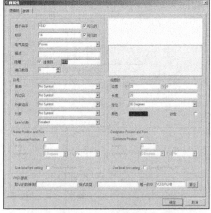
图 2-25　VDD 引脚隐藏设置

提示　① VDD、VSS 隐藏设置两个模块要分别进行。
　　　② VDD、VSS 的引脚隐藏后，可以调整一下 R、S 引脚在两个模块中的位置，会更美观！

（12）单击工具栏中的"保存"按钮 ，保存元器件 CC4013 原理图符号。双击元器件名 CC4013，打开元器件属性对话框，在"Default Designator"文本框处填上"U？"。

（13）右击"SCH Library"面板上的库文件"mySchlib1.SchLib"，在弹出的快捷菜单中选择"另存为"菜单命令，将自建库"mySchlib1.SchLib"存放到"照明电路"目录中。此时自制元器件库"mySchlib1.SchLib"中已含有 D、CS3020、CC4013 三个自制元器件，如图 2-26 所示。

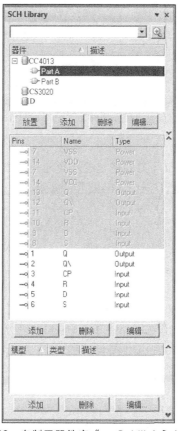

图 2-26　自制元器件库"mySchlib1.SchLib"

任务 2.3　绘制照明电路原理图

本任务内容：绘制照明电路原理图、利用复制粘贴法将实心二极管修改为空心二极管、设计 CS3020 元器件原理图符号、设计 CC4013 多功能模块元器件原理图符号等。

2.3.1　绘制照明电路原理图

1. 调用自制元器件库

（1）打开"照明电路.PrjPcb"项目中的"照明电路.SchDoc"原理图文件。

微课 2-4

（2）在原理图环境中打开"库…"工作面板，上一任务中自制元器件库"mySchlib1.SchLib"已经成为当前可用元器件库，如图 2-27 所示（同样，可用复制粘贴法将晶闸管、稳压管、桥堆、发光二极管等实心元器件改为空心元器件）。

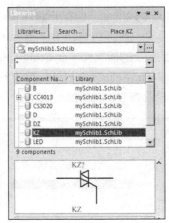

图 2-27　当前可用元器件库"mySchlib1.SchLib"

2．绘制照明电路原理图

（1）双击"照明电路.SchDoc"文件名，进入原理图工作环境。

（2）设置图纸。执行"设计"→"文档选项"命令，打开"文档选项"对话框，在"图纸选项"选项卡中设置图纸大小为 A4。

（3）填写图纸标题栏。执行"设计"→"文档选项"命令，打开"文档选项"对话框，在"参数"选项卡中设置"Title"为"照明电路"，"SheetNumber"为"1"，"SheetTotal"为"1"，"DrawnBy"为"学号"，按项目 1 所教方法填写并显示标题栏的相关内容。

（4）放置 CS3020 元器件。双击"mySchlib1.SchLib"元器件库名，单击 Place cs3020 按钮取出 CS3020 元器件，按"Tab"键打开 CS3020 属性对话框，在其"默认编号"处填入"K"。

（5）放置 CC4013 元器件。双击"mySchlib1.SchLib"元器件库名，在打开 CC4013"元器件属性"对话框时，考虑到最大限度地降低产品成本，应尽量用完每个集成电路中所有功能模块，减少集成电路元器件的使用个数，电路图中 CC4013 元器件第二个功能模块号为"Part 2/2"，在原理图中用字母"B"表示。

（6）放置其他元器件原理图符号。调整当前元器件库分别为"Miscellaneous Devices.IntLib""Miscellaneous Connectors.IntLib"，将其他元器件从这两个库中取出来，放置在图纸中，并修改各元器件属性。综观全局调整各个元器件位置，元器件放置效果如图 2-28 所示。

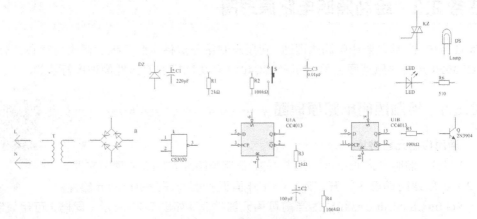

图 2-28　元器件放置效果

（7）绘制照明电路原理图。修改各元器件属性，取消所有元器件注释显示，并放置电连接线、电连接节点、电源和地等电气对象，绘制成功的照明电路原理图如图 2-29 所示。

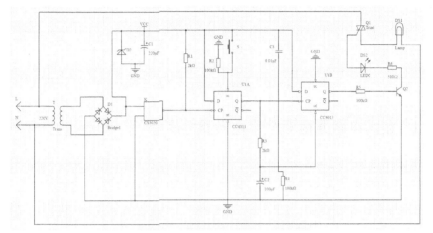

图 2-29　绘制成功的照明电路原理图

2.3.2　电路原理图的编译检测与修改

微课 2-5

（1）执行"工程"→"Compile Document 照明电路.SchDoc"命令，"Messages"工作面板中显示有警告，电路编译检测信息如图 2-30 所示。分析信息提示"has no driving source"得知，也许没有输入驱动信号，经电路工作原理分析，可以在警告信息提示电路处放置"忽略 ERC 检测指示符"，如图 2-31 所示。

图 2-30　电路编译检测信息

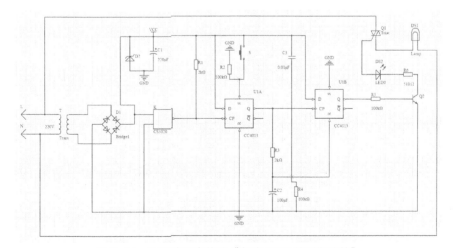

图 2-31　在电路图中放置"忽略 ERC 检测指示符"

（2）再次执行"工程"→"Compile Document 照明电路.SchDoc"命令，"Messages"工作面板如图 2-32 所示，说明电路正确。单击原理图工具栏中的"保存"按钮 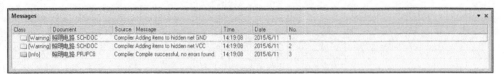 保存当前文档。

图 2-32 "Messages"工作面板

2.3.3 创建电路原理图个性化元器件库

（1）在原理图编辑环境中，执行"设计"→"建立设计项目库"命令，系统会自动在本项目中生成相应的原理图库文件，并弹出提示信息，如图 2-33 所示。根据提示信息可知，照明电路原理图个性化元器件库"照明电路.SCHLIB"已经创建完成，共添加了 14 个元器件。

图 2-33 提示信息

（2）单击"OK"按钮，系统自动切换到原理图库文件编辑环境中。在"SCH Library"面板上可查看照明电路原理图中全部元器件及其相关信息，如图 2-34 所示。

图 2-34 "SCH Library"面板

2.3.4　修改元器件属性并更新电路原理图

这个技能在项目 1 中介绍过，在此再进一步熟悉和应用。当对一张或多张电路原理图中同一个元器件进行编辑、修改时，不需要到每张电路原理图中逐一编辑、修改这个元器件，而只需要在原理图元器件库中修改相应元器件后更新到相应电路原理图中即可。

（1）双击"照明电路.SCHLIB"原理图个性化元器件库文件名，打开"SCH Library"面板。

（2）单击"Lamp"元器件名，库元器件编辑区展开 Lamp 原理图符号，如图 2-35 所示。

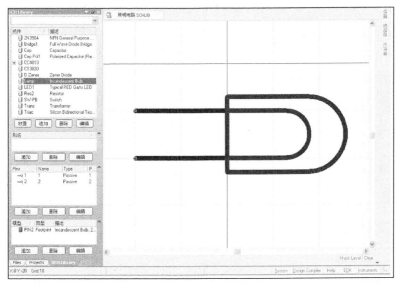

图 2-35　Lamp 原理图符号

（3）按住鼠标左键框选 Lamp 元器件外框，如图 2-36 所示，执行"编辑"→"清除"命令，删除被选中图形。

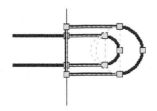

图 2-36　选中 Lamp 元器件外框

（4）移动其中一个引脚，注意十字形工作光标朝外，使两个引脚间相距 4 个网格并在一条直线上。

（5）执行"放置"→"椭圆"命令，确定圆心、半径、起点、终点，画一个圆饼，双击这个圆饼，将"板的宽度"改为"Small"，且取消选中"拖曳实体"复选框，如图 2-37 所示。

（6）在图纸空白处单击鼠标右键，调出快捷菜单，执行"选项"→"文档选项"命令，如图 2-38 所示，打开"库编辑器工作台"对话框，将"捕捉"值修改为"1"，如图 2-39 所示。

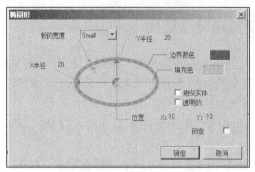

图 2-37　取消选中"拖曳实体"复选框

图 2-38　单击"文档选项"

（7）执行"放置"→"直线"命令，在圆中再画一个"×"，画完后立即将图 2-39 中的"捕捉"值修改回"10"，注意保存。修改后 Lamp 原理图符号如图 2-40 所示。

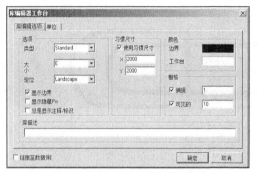

图 2-39　修改"捕捉"值为"1"

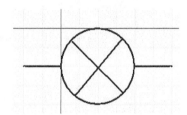

图 2-40　修改后 Lamp 原理图符号

提示　画线时，通过按"Shift+Space"组合键可有 5 种改变画线转弯的方式，如图 2-41 所示。

图 2-41　画线转弯方式

（8）在原理图工作环境中，执行"工具"→"更新原理图"命令，更新原理图中 Lamp 的元器件符号，更新信息如图 2-42 所示。

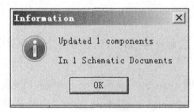

图 2-42　更新信息

（9）打开"照明电路原理图.SCHDOC"文件，重新调整、连接好 Lamp 元器件，最终照明电路原理图如图 2-43 所示。

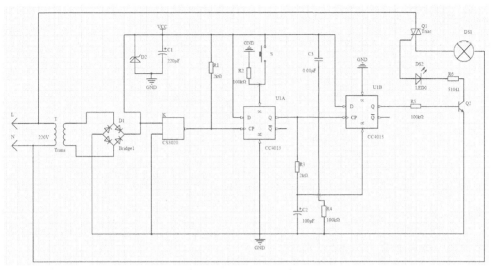

图 2-43　最终照明电路原理图

（10）再次执行"工程"→"Compile Document 照明电路.SchDoc"命令，"Messages"工作面板中的信息如图 2-44 所示，前两条信息是软件自动对隐藏的 VCC、GND 进行了电气连接，电路检测编译没有错误，元器件更新成功。

图 2-44　"Messages"工作面板信息

> 提示　保存、打印原理图请参看第 1.3.6 节内容。

学生悟道

1．元器件的电源、地和电路的电源、地一样吗？
2．多模块元器件的 1/4、3/4 是什么意思？

技能链接二　创建和调用 SCH 个性模板

Altium Designer 2014 软件里有很多 SCH 模板，但还是有必要创建自己的个性模板。创建自己个性 SCH 模板的步骤如下。

1．制作 SCH 个性模板

（1）创建一个空白电路原理图文件。

（2）在图纸空白处单击鼠标右键，执行"选项"→"文档选项"命令，打开"文档选项"对话框，如图 2-45 所示，取消选中"标题块"复选框，将"捕捉"值改为"5"，选中"使用自定义风格"复选框，定制一个宽"900"、高"700"的图纸。

图 2-45 "文档选项"对话框

（3）单击"实用"工具栏中 图标下三角，用其中的绘直线 工具在图纸右下角绘制个性标题块，如图 2-46 中框线所示。

（4）执行"放置"→"文本字符串"命令，按"Tab"键，打开"标注"对话框，填写相关内容，如图 2-47 所示。

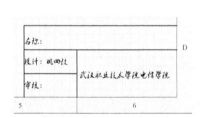

图 2-46 个性标题块

图 2-47 填写相关内容

2．个性模板的保存及调用

（1）个性模板保存。执行"文件"→"另存为"命令，将个性模板存在目标文件夹中，在文档另存为对话框中修改文件名为"97.SchDot"，文件类型为"*.SchDot"，如图 2-48 所示。

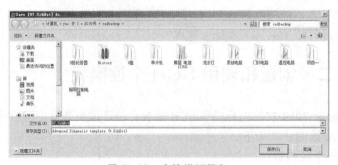

图 2-48 个性模板保存

（2）个性模板调用。执行"设计"→"项目模板"→"Choose a File"命令，在打开的对话框中选取"97.SchDot"文件。"更新模板"对话框如图 2-49 所示，可根据自己使用情况选取相关项（一般采用默认项），单击"确定"按钮，随后在"Information"对话框中确认在文件中调用个性模板，如图 2-50 所示。

图 2-49　"更新模板"对话框

图 2-50　"Information"对话框

实战项目三　绘制四路流水灯电路原理图

LM324 是四运放集成电路，它采用 14 脚双列直插塑料封装，外形如图 2-51（a）所示。它的内部包含 4 组形式完全相同的运算放大器（简称"运放"），除电源共用外，4 组运放相互独立。每一组运算放大器的内部结构一样，如图 2-51（b）所示，它有 5 个引出脚，其中 Vi+、Vi-为两个信号输入端，V+、V-为正、负电源端，Vo 为输出端。LM324 的引脚排列如图 2-51（c）所示。

（a）实际元器件外形

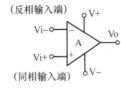

（b）内部结构

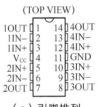

（c）引脚排列

图 2-51　LM324

请绘制出图 2-52 所示四路流水灯电路图，查阅 LM324 元器件手册并创建 LM324 原理图元器件符号。

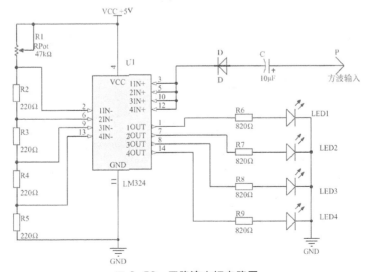

图 2-52　四路流水灯电路图

实战项目四　绘制简易录放音电路原理图

ISD1400 语音芯片的引脚排列如图 2-53 所示，其中，NC 代表该引脚空置不用。在网上输入"ISD1400.PDF"就可查到 ISD1400 语音芯片的使用手册。由贺忠海等发表在 2000 年第 2 期《电子与自动化》杂志上的"语音芯片 ISD 及其应用"一文，详细介绍了录放电路工作原理，请同学们自行阅读。

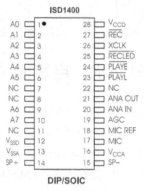

图 2-53　ISD1400 语音芯片的引脚排列

请绘制出图 2-54 所示 ISD1400 语音录放电路图，并创建语音芯片元器件 ISD1400 原理图元器件符号，以及创建自己的个性 SCH 模板。

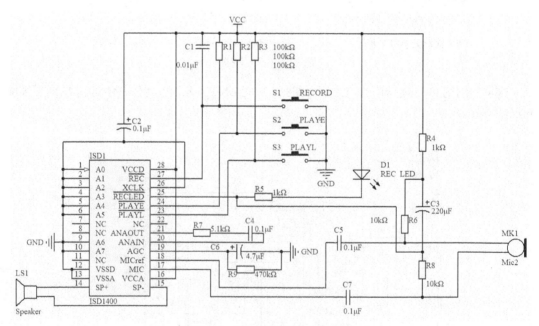

图 2-54　ISD1400 语音录放电路

项目3

设计稳压电源单面PCB

岗位素养

- 根据实物或元器件手册确定元器件的封装类型。
- 会使用向导自动规划 PCB 形状。
- 依照提示修改元器件或网络载入 PCB 环境时的各类错误。
- 布局时各类丝印图形不能重叠。
- 避免星形布线。

项目导读

本次项目工作是将项目 1 绘制的稳压电源电路原理图（见图 3-1）设计成单面 PCB 图，如图 3-2 所示。有条件的学生建议做出 PCB 实物，以增强学习计算机辅助设计印制电路板的兴趣和能力，为日后参加各类大学生电子设计大赛、课业设计、毕业设计等打下坚实的基础。

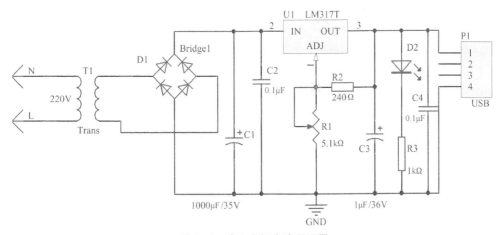

图 3-1　稳压电源电路原理图

值得注意的是，每个学生设计出来的稳压电源单面 PCB 图在细节上多多少少和此处展示的有所区别，实际设计中没有必要跟书中一模一样，只要符合 PCB 对布局、布线的通用要求和特定制成技术要求即可。

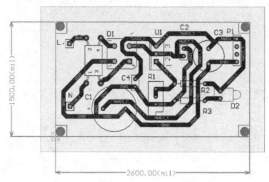

图 3-2　稳压电源单面 PCB 图

重难点内容

- 向导自动规划 PCB 形状。
- 原理图中元器件封装类型的检查及修改。
- 元器件和网络的载入与修改。
- 手动布局、交互式布线。

相关知识

（一）PCB 设计一般步骤

PCB 设计步骤如图 3-3 所示。

（1）原理图设计

原理图设计是 PCB 设计的前期准备工作。

（2）元器件封装类型检查与修改

检查原理图中所有元器件封装类型，使其满足实际情况。如果元器件封装在系统封装库中无法找到，则需自行建立元器件封装库并设计元器件封装，以备后续 PCB 设计使用。

（3）手动或向导规划 PCB 形状

PCB 形状若是异形可以用手动方式规划 PCB，一般采用向导方式规划 PCB 形状。

（4）PCB 环境设置

工作参数主要包括图纸网格类型及其大小参数、板层参数、系统参数等。参数设置是一次性完成的，在后续的设计工作中几乎不用修改。

（5）载入网络表

载入网络表是将原理图中的元器件和网络关系载入到 PCB 环境中，包括所有元器件编号、封装类型、参数及元器件各引脚间电连接关系等，为布局和布线操作做准备。

（6）手动布局

元器件布局原则一定要熟记于心，布局结果直接影响 PCB 设计的好坏，请同学们多费点心思在布局上，这是 PCB 设计中最费时间的一步。

（7）布线规则设置

在 PCB 布线之前，需要设置布线规则，主要包括各类安全间距、各类布线宽度、布线板层及布线拐角模式等布线规则设置。

（8）自动布线手动调整

软件自动布线器会按设置好的布线规则自动进行布线工作，但一般需要手动调整自动布线结果。调整时请紧扣 PCB 设计技术标准优化内容。

（9）PCB 设计规则检测

为确保设计的 PCB 符合设计规则、网络连接正确，需进行设计规则检测。如果检测出有违反设计规则的地方，则需要对前期布局或布线进行调整，直到符合设计规则为止。

（10）PCB 优化

优化处理分 3 个方面：① 线的优化。同面两根布线的夹角必须大于等于 90°。② 泪滴优化。对所有焊盘、过孔追加圆形的泪滴，增强大焊盘到细电线的过渡。③ 大面积覆铜及 GND 网络优化。单面板只需要对底层覆铜优化，双面及 4 层以上板需要对顶层和底层两面同时进行覆铜优化。

（11）保存文件并输出

放置固定 PCB 的安装孔，PCB 设计完成后，应对文件进行保存并输出工厂需要的制作文件。

（二）元器件封装类型

元器件封装类型是为了实际元器件在 PCB 上焊接、安装、维护服务的，必须保证在 PCB 上给该元器件预留足够位置空间，焊盘形状大小要保证元器件引脚插得进去、焊盘与元器件引脚一一对应、焊盘间距与实际元器件引脚间距保持一致等。

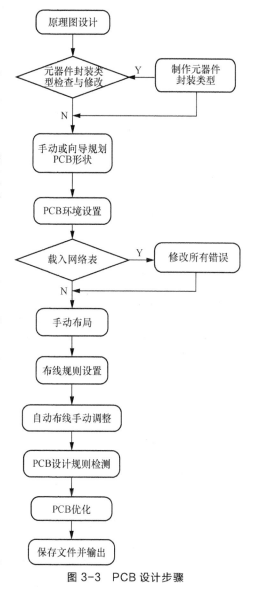

图 3-3　PCB 设计步骤

一个封装类型对应元器件封装库中一个封装名称。封装类型包含了元器件外形长宽尺寸、焊盘尺寸、引脚信息（名称、数量、长短、间距、电气特性）等基本信息。在 Altium Designer 2014 环境中，电路原理图中每个元器件基本都有一种默认的封装类型，即元器件属性对话框的"Models"区域有"Footprint"栏，如图 3-4 所示，若没有则需要添加该栏内容，若错误则需要修改该栏内容，总之"Footprint"栏不能空。选择元器件封装类型时尽量符合以下条件。

（1）选择市面上容易购买到的。

（2）在保证产品性能的前提下尽量选择价格便宜的，以降低产品成本。

（3）满足外壳机箱大小和散热要求。

（4）选择组装方便、焊接可靠的。

（5）选择便于测试和维修的。

图 3-4　元器件属性对话框

（三）元器件布局原则

元器件布局总体原则是分析电路原理图的工作原理，按照信号走向模块化布局，模块中以电路核心元器件为中心，其他元器件围绕电路核心元器件进行布局。信号流向一般从左到右或从上到下，元器件放置相互平行或垂直排列，整体要求整齐、美观、紧凑。模拟部分元器件与数字部分元器件尽量分开，高频信号与低频信号尽量分开，输入信号和输出信号尽量分开。此外，还请注意以下几点。

（1）元器件距 PCB 边缘距离。元器件距 PCB 边缘的距离至少等于板厚，建议所有元器件至少距离 PCB 边缘 3mm～5mm。

（2）元器件布局层面。元器件应放置在 PCB 顶层，只有顶层元器件过密时，才能将一些高度有限并且发热量小的器件（如贴片电阻、贴片电容等）放在底层。

（3）元器件布局顺序。首先放置装配时对位置要求较高的元器件，如电源插座、指示灯、开关、连接件等，且将其锁定，以免被误移动，然后放置变压器、集成块等，最后放置小元器件，如电阻、电容、二极管等。

（4）特殊元器件布局。体积大的元器件应该考虑不安装在 PCB 上；重量重的元器件应考虑安装支架固定；发热元器件应远离热敏元器件；尽量加大高电位差元器件引脚间距离且布局在人手不易触及的位置等。

（5）可调元器件布局。电位器、可变电容器、可调电感线圈或微动开关等布局时应考虑整机结构，机外调节元器件要与调节旋钮位置相对应，机内调节元器件应布局在 PCB 边缘附近以便于调节。

（四）网络及网络标签

网络即导线，具有实际电气连接意义。网络标签即导线的名称，同一项目中相同网络标签的导线实际上是连接在一起的，网络标签"1"如图 3-5 所示。当需要连接的导线比较长或因电路较复杂使绘制电连接导线比较困难时，应使用放置网络标签的方法来实现电气连接。

执行"放置"→"网络标签"命令，或单击"布线"工具栏上的"网络标签"按钮，十字形工作光标上就会粘连一个网络标签，此时按"Tab"键，打开"网络标签"对话框，如图 3-6 所示，输入网络标签名称后单击"确认"按钮即可。

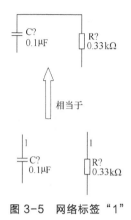

图 3-5　网络标签"1"

图 3-6　"网络标签"对话框

> **提示**　放置网络标签时，十字形工作光标一定要在具体电连接导线上，悬浮的网络标签没有任何意义。

项目目标

- 会用向导自动规划 PCB 形状。
- 能修改器件和网络载入到 PCB 环境时的各类错误。
- 设计及优化稳压电源电路单面 PCB。

任务 3.1　稳压电源电路原理图元器件封装类型的检查与修改

本任务介绍抽取系统元器件封装库过程、检查和修改原理图元器件封装类型。

3.1.1　抽取系统元器件封装库

抽取系统元器件封装库的步骤如下。

（1）打开集成元器件库。执行"文件"→"打开"命令，打开"Choose Document to Open"对话框，如图 3-7 所示，单击集成库文件"Miscellaneous Devices.IntLib"后单击"打开"按钮，在打开的"摘录源文件或安装文件"对话框中单击"摘取源文件"按钮，再次抽取 Miscellaneous Devices.IntLib，如图 3-8 所示。

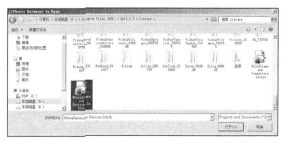

图 3-7　"Choose Document to Open"对话框

（2）打开"Projects"工作面板，库文件"Miscellaneous Devices. LibPkg"中包含两个文件，如图 3-9 所示。双击"Miscellaneous Devices.PcbLib"文件名，打开封装库工作环境，如图 3-10 所示。

图 3-8 "摘录源文件或安装文件"对话框

图 3-9 "Projects"工作面板显示内容

（3）在图 3-10 中单击左侧的"PCB Library"工作面板，拉动滚动条，单击每一个封装名称，浏览"Miscellaneous Devices.PcbLib"文件中所有的封装类型。

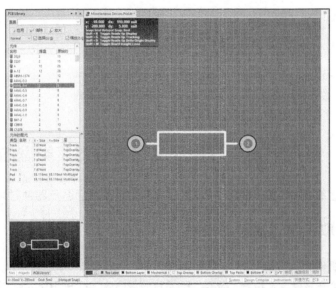

图 3-10 封装库工作环境

"PCB Library"工作面板主要由 3 部分组成，即工作区、名称区、图元区。其中，名称区给出了封装的名称、焊盘个数、图元组成个数；图元区给出了组成该封装的具体图元类型，而 则指定了该封装类型的具体参考点位置。

封装库元器件符号的组成规律如下。

（1）一个库文件可以包含多个库元器件。

（2）元器件参考原点即是坐标原点，一般可以设置在"1"号焊盘处，也可以设置在元器件的丝印（图元）中心。

（3）每个库元器件均由元器件丝印、焊盘、参考点 3 部分组成。

（4）元器件引脚放在栅格上。

（5）引脚标识符必须从"1"开始且是连续数码。

（6）红色焊盘封装为表面贴装式封装类型，适用于回流焊生产工艺；灰色焊盘封装为插针式封装类型，适用于波峰焊生产工艺。

3.1.2 检查和修改电路原理图元器件封装类型

微课 3-1

（1）执行"文件"→"打开工程"命令，打开项目"稳压电源电路.PrjPcb"。

（2）逐一检查"稳压电源电路.SchDoc"原理图中器件的封装类型。双击第一个元器件"N"，打开 N 元器件属性对话框，如图 3-11 所示，其"Footprint"栏有"PIN1"封装类型，单击右下角的 Edit... 按钮，打开"PCB 模型"对话框，如图 3-12 所示（看得见具体封装类型），如符合实际要求（能用或想用），则单击"确定"按钮关闭对话框并单击右下角的 OK 按钮保留该"PIN1"封装类型。依照此法检查稳压电源电路中所有元器件封装类型。

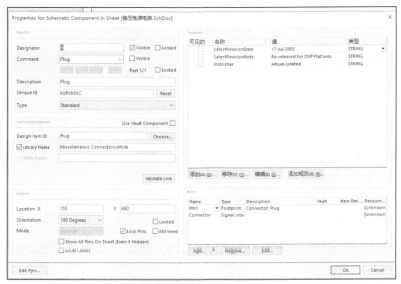

图 3-11 N 元器件属性对话框

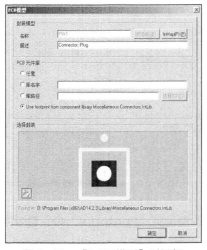

图 3-12 "PCB 模型"对话框

（3）重点检查电容的封装类型。C1 封装不变，C2、C4 电容封装需由 RAD-0.3 改为 RAD-0.1，C3 电容封装需由 RB7.6-15 改为 RB5-10.5。操作示意如下：打开 C3 属性对话框，如图 3-13 所示，单击 Remove... 按钮删掉已有封装类型，单击 Add... 按钮添加新模型，在"Miscellaneous Devices.PcbLib"中找到 RB5-10.5 封装类型，C3 电容新封装类型如图 3-14 所示。

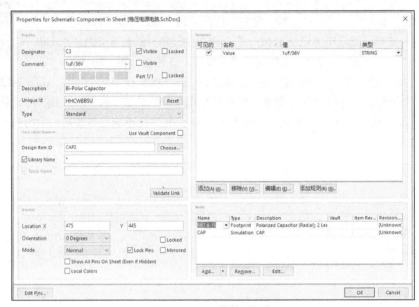

图 3-13　C3 属性对话框

图 3-14　C3 电容新封装类型

> **提示**　检查元器件封装三问：有没有"Footprint"栏？封装类型是否看得见？封装类型是否和实物一致？

（4）特殊元器件 R1 封装类型的修改。在电路原理图中双击可调电阻 R1 打开其属性对话框，单击 Edit Pins... 按钮，打开"元件管脚编辑器"对话框，如图 3-15 所示。选中"数量"列中的复选框后单击"确定"按钮，电路原理图中电阻 R1 的 3 个引脚号就可在图中显示了。R1 引脚号如图 3-16 所示，而 R1 默认封装类型是 VR5，VR5 封装类型引脚号如图 3-17 所示。图 3-16 的抽头是 3 脚而图 3-17 的抽头是 2 脚，二者没有一一对应，不修改的话将在 PCB 设计中出现严重错误！因此需要进行修改（图 3-16、图 3-17 只用修改一个就好，在此选择修改 R1 原理图中的引脚顺序）。打开 R1 属性对话框，单击 Edit Pins... 按钮，打开"元件管脚编辑器"对话框，修改元器件引脚标识，修改后的 R1 引脚号如图 3-18 所示，请注意对比图 3-15 和图 3-18。

图 3-15 "元件管脚编辑器"对话框

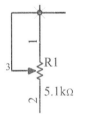

图 3-16 R1 引脚号

图 3-17 VR5 封装类型引脚号

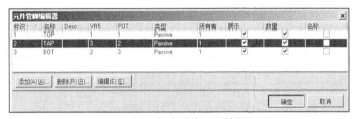

图 3-18 修改后的 R1 引脚号

任务 3.2 稳压电源 PCB 自动规划与环境参数设置

本任务主要介绍稳压电源单面 PCB 自动规划与 PCB 重要环境参数的设置。技术指标要求如下。

（1）单面板，PCB 尺寸为 3000mil×1900mil，禁止布线区与 PCB 边缘距离为 200mil。

（2）电路图中所有元器件均采用插针式封装。

（3）焊盘之间允许走一根铜膜导线，最小间距为 30mil。

（4）最小铜膜导线宽度为 60mil，导线拐角为 45°。

（5）对 PCB 进行设计规则检测。

（6）放置 4 个安装孔，孔径为 120mil。

3.2.1　PCB 自动规划

（1）打开项目文件。执行"文件"→"打开工程"命令，打开项目 1 项目文件"稳压电源电路.PrjPcb"。

（2）启动 PCB 向导。单击"Files"工作面板，单击 收起一部分工作面板内容，单击"Files"工作面板最下面的"PCB Board Wizard"选项，启动"PCB 板向导"对话框，如图 3-19 所示。

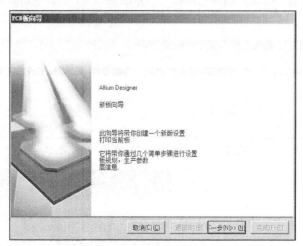

图 3-19　"PCB 板向导"对话框

（3）选择板单位。单击图 3-19 中的"下一步"按钮，进入"选择板单位"界面，如图 3-20 所示。系统提供两种单位：一种是英制，即 mil；另一种是公制，即 mm。默认选择英制 mil。

（4）选择 PCB 板形。单击图 3-20 中的"下一步"按钮，进入"选择板剖面"界面，如图 3-21 所示。Altium Designer 2014 提供了很多种工业制板规格，用户可以根据自己的需要进行选择。这里选择"Custom"选项，即自定义电路板。

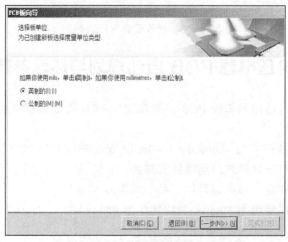

图 3-20　"选择板单位"界面

图 3-21 "选择板剖面"界面

（5）选择板详细信息。单击图 3-21 中的"下一步"按钮，进入"选择板详细信息"界面，按图 3-22 所示输入相关数据并选中"尺寸线"复选框。

图 3-22 "选择板详细信息"界面

（6）选择板层。单击图 3-22 中的"下一步"按钮，进入"选择板层"界面，单面板只有一个信号层（即底层：Bottom Layer），如图 3-23 所示。

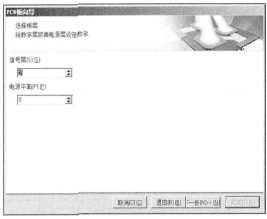

图 3-23 "选择板层"界面

（7）选择过孔类型。单击图 3-23 中的"下一步"按钮，进入"选择过孔类型"界面，如图 3-24 所示。本项目制板技术指标要求电路中所有元器件均采用插针式元器件，又是单面板，所以按照图 3-24 所示进行设置即可。

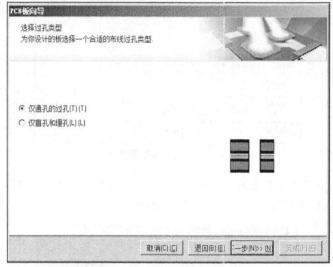

图 3-24 "选择过孔类型"界面

> **提示** 盲孔或埋孔只在多层板中存在。

（8）选择元器件和布线工艺。单击图 3-24 中的"下一步"按钮，进入"选择元件和布线工艺"界面，如图 3-25 所示，按照制板技术要求，焊盘之间允许走一根铜膜导线，满足技术指标要求（3）。

图 3-25 "选择元件和布线工艺"界面

（9）选择默认线和过孔尺寸。单击图 3-25 中的"下一步"按钮，进入"选择默认线和过孔尺寸"界面，如图 3-26 所示，按图所示设置相关尺寸，满足技术指标要求（3）。

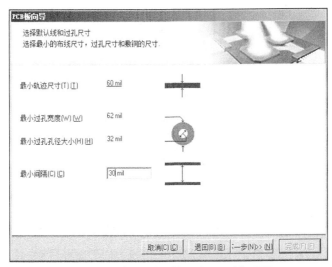

图 3-26 "选择默认线和过孔尺寸"界面

（10）完成"PCB 板向导"。单击图 3-26 中的"下一步"按钮，进入"板向导完成"界面，如图 3-27 所示。单击图中的"完成"按钮，从"Projects"工作面板可以看到新建了一个"Free Documents（自由文档）"，如图 3-28 所示。

图 3-27 "板向导完成"界面

（11）将新建的 PCB 文件追加到工程中。将鼠标指针对准新建 PCB 文件名，按住鼠标左键，将该 PCB 文件拖曳到"稳压电源电路.PrjPcb"工程中再松开鼠标左键，并对新建 PCB 文件进行保存，完成 PCB 自动规划，如图 3-29 所示。

提示 必须将项目文件、电路原理图文件和 PCB 文件保存在同一路径的项目文件夹中。

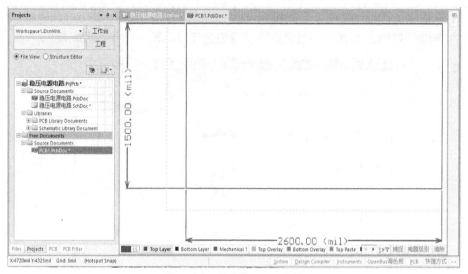

图 3-28　新建的 PCB 文件

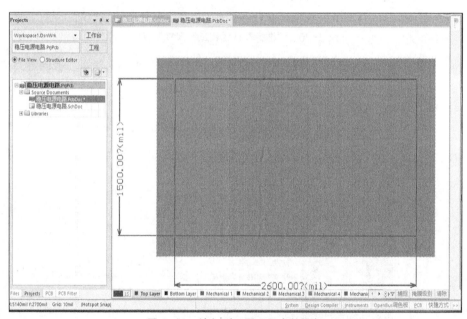

图 3-29　追加到工程项目中并保存

 提示　最好将不用的 PCB 文件移出当前项目！

3.2.2　PCB 环境参数设置

1．设置图纸参数

右击新建的 PCB 文件，弹出快捷菜单，如图 3-30 所示，执行"跳转栅格"→"栅格属性"命令，打开栅格属性对话框，按照图 3-31 所示，将栅格"步进值"栏的"步进 X"和"步进 Y"值改为"10mil"，"显示"栏的"增效器"改为"2×栅格设置"。

图 3-30　快捷菜单

图 3-31　栅格属性对话框

2．设置板层和颜色

（1）执行"设计"→"板层颜色"命令，打开"视图配置"对话框，如图 3-32 所示。这里机械层用"Mechanical1"层。"系统颜色"栏中取消选中"DRC Error Markers""DRC Detail Markers"复选框，选中"Pad Holes""Via Holes"复选框，其他不变。

图 3-32　"视图配置"对话框

（2）单击"确定"按钮后，PCB 设计环境的板层显示如图 3-33 所示。用鼠标单击板层名可改变当前板层，用键盘上的"+""－"键也可改变当前板层。

图 3-33　板层显示

3．设置锁定参数

执行"工具"→"优先选项"命令，打开"参数选择"对话框，PCB 相关参数可以由该对话框的"PCB Editor"选项来设置，在 PCB 设计中经常需要将某一元器件固定在

PCB 某一位置上，所以最好选中"参数选择"对话框中"General"选项的"保护锁定的对象"复选框。

> **提示** 一般情况下，其他各选项内容均可采用默认设置。

4．设置 PCB 原点

PCB 原点在设计过程中一定要设置并显示出来，执行"编辑"→"原点"→"设定"命令，十字形工作光标移到机械边框或电气边框的左下角位置单击一次鼠标左键即可确定原点位置。

任务 3.3　稳压电源单面 PCB 设计

本任务介绍稳压电源单面 PCB 设计过程，包括将原理图中的元器件和网络关系载入到 PCB 中、手动布局、布线规则设置、交互式布线。

3.3.1　将电路原理图中的元器件和网络关系载入到 PCB 中

（1）将"稳压电源电路.PcbDoc"设为当前文档。

（2）执行"放置"→"字符串"命令，此时按"Tab"键打开"串"对话框，如图 3-34 所示，填上自己的名字，选中"粗体"复选框，单击"确定"按钮，工作光标上就会粘连自己名字的字符串，用"+""－"键将"Top Overlay"设为当前层。在 PCB 右下角处放置自己名字的字符串效果如图 3-35 所示。

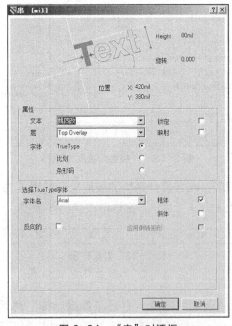

图 3-34　"串"对话框

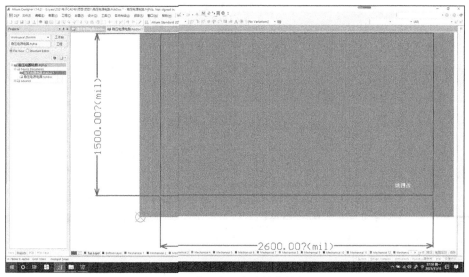

图 3-35　放置自己名字的字符串效果

（3）执行"设计"→"Import Changes From 稳压电源电路.PrjPcb"命令，打开"工程更改顺序"对话框，如图 3-36 所示。该过程是将原理图中的元器件和网络载入到 PCB 环境中，对话框上半部分是元器件，有 14 个；下半部分是网络，有 9 个。

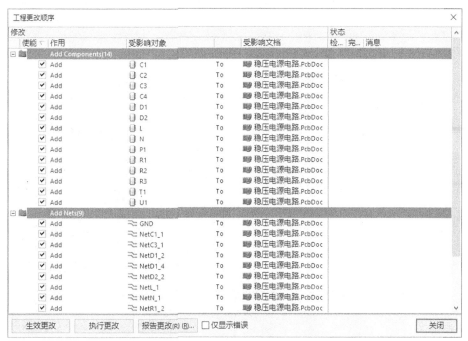

图 3-36　"工程更改顺序"对话框

（4）单击"生效更改"按钮，在"检测"列下面就会出现一列 ✓（若有 ✗，请认真检查原理图中元器件封装类型 Footprint 和网络有没有错误）。再单击"执行更改"按钮，系统将原理图中的元器件、网络全部载入到当前 PCB 文件中，此时"工程更改顺序"对话框中的"完成"列也会出现一列 ✓，载入正确的"工程更改顺序"对话框如图 3-37 所示。

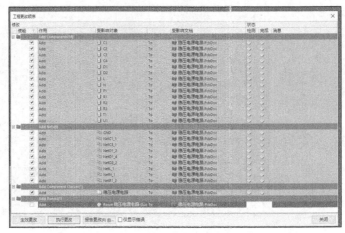

图 3-37　载入正确的"工程更改顺序"对话框

（5）单击"关闭"按钮，关闭"工程更改顺序"对话框，元器件的网络关系载入效果如图 3-38 所示。

> **提示**　① 图 3-38 中焊盘之间用"飞线"表明元器件间的电连接，即原理图中的网络关系。
> ② 打开原理图文件"稳压电源电路.SchDoc"，执行"设计"→"Update Pcb Document 稳压电源电路.PcbDoc"命令，同样可以完成 PCB 元器件和网络关系的载入工作。

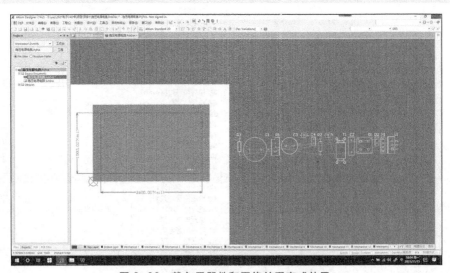

图 3-38　载入元器件和网络关系完成效果

3.3.2　手动布局

微课 3-3

（1）删除 Room 空间。在载入元器件和网络关系后会默认导入一个红色区域，即 Room 空间，用鼠标单击红色 Room 空间，按"Delete"键可删除 Room 空间。

（2）锁定相关元器件。按照元器件布局原则，将光标依次对准 L、N、T1、

D1、P1 五个元器件，按住鼠标左键，将它们移动到 PCB 相关位置后按"Tab"键打开元器件属性对话框，D1 元器件属性对话框如图 3-39 所示，选中"锁定"复选框，元器件锁定效果如图 3-40 所示。

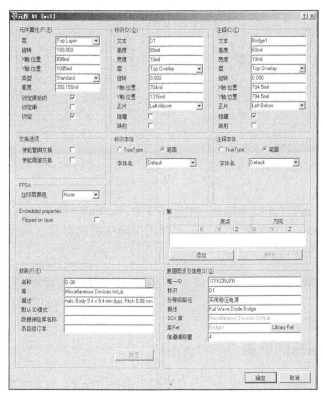

图 3-39　D1 元器件属性对话框

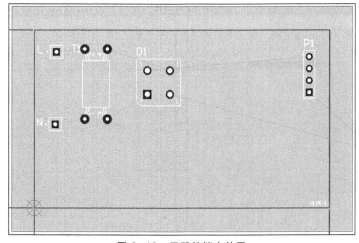

图 3-40　元器件锁定效果

（3）布局其他元器件位置。这些元器件在布局时最好不要锁定，布局时随之而动的飞线要短、顺畅，最终稳压电源电路 PCB 手动布局效果如图 3-41 所示，所有元器件引脚离 PCB 边缘距离约 3mm 以上，满足布局原则。

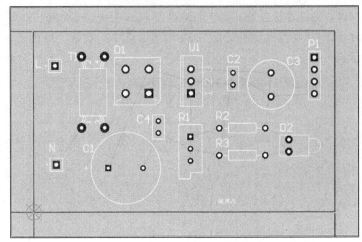

图 3-41　手动布局效果

（4）目前已满足的设计技术指标：PCB 尺寸为 3000mil×1900mil，禁止布线区与 PCB 边缘的距离为 200mil，电路图中所有元器件均采用插针式封装，满足了 PCB 设计技术指标（1）和（2）的要求。

提示　元器件布局时可用"Space"键、"X"键、"Y"键调整元器件放置过程中的位置。

3.3.3　布线规则设置

（1）设置绝缘间隔。执行"设计"→"规则"命令，打开"PCB 规则及约束编辑器"对话框，展开设计规则中的电气绝缘值，已设定为"30mil"，满足了设计技术指标（3）的要求，如图 3-42 所示。

微课 3-4

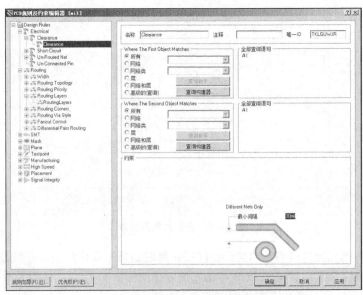

图 3-42　绝缘间隔设置

（2）设置线宽及布线转角。线宽设置为"60mil"，如图 3-43 所示，布线转角设置为"45Degrees"，如图 3-44 所示，满足了设计技术指标（4）的要求；布线板层选中"Bottom Layer"，如图 3-45 所示，满足了设计技术指标（1）的要求。

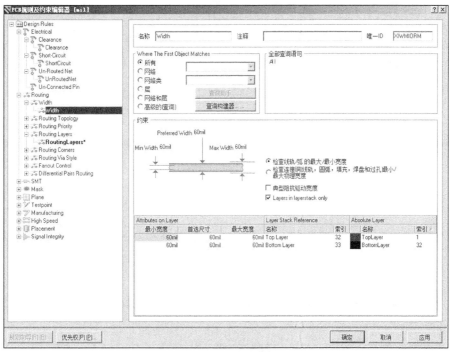

图 3-43　线宽设置

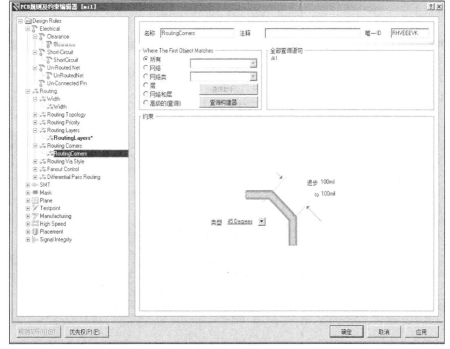

图 3-44　布线转角设置

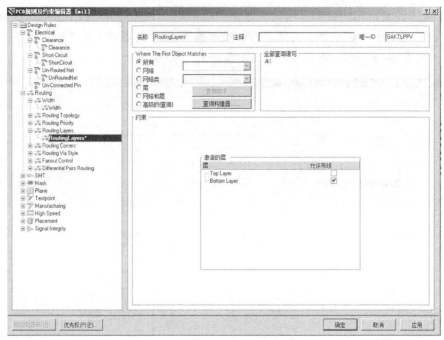

图 3-45 布线板层设置

（3）设置制造规则。将 "Silkscreen To Object Minimum Clearance" 的值设为 "2mil"，如图 3-46 所示。

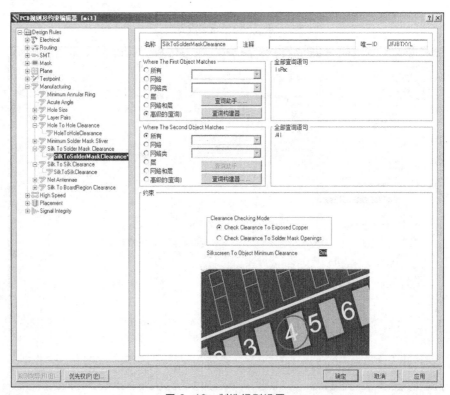

图 3-46 制造规则设置

3.3.4 交互式布线

（1）放置 4 个安装孔。执行"放置"→"焊盘"命令，按"Tab"键打开过孔属性设置对话框，安装孔尺寸设置如图 3-47 所示。将操作窗口板层改为"Keep-Out Layer"后，执行"放置"→"走线"命令，将 4 个安装孔围住，安装孔放置后的 PCB 如图 3-48 所示，满足了设计技术指标（5）的要求。

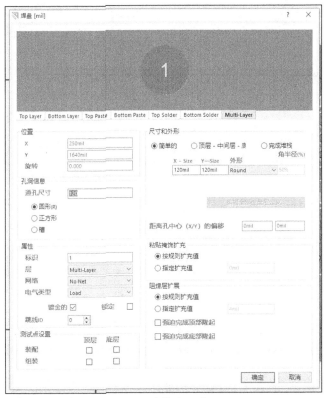

图 3-47　安装孔尺寸设置

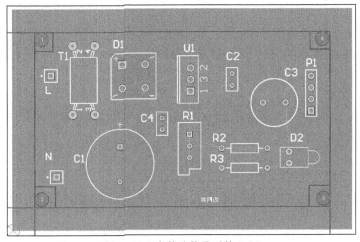

图 3-48　安装孔放置后的 PCB

（2）交互式布线（请不要对 GND 网络布线）。执行"放置"→"交互式布线"命令，将十字形工作光标对准飞线一头的焊盘，此时呈现八角形，单击鼠标左键开始布线，同一网络的各个焊盘会高亮显示，如图 3-49 所示，布线转弯处单击鼠标左键，所有布线即网络均布在底板层上，满足单面板布线的要求。

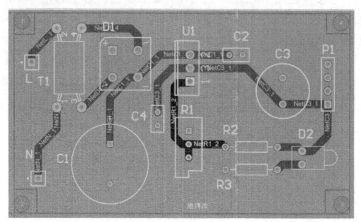

图 3-49　同一网络的各个焊盘会高亮显示

（3）修改布线。执行"工具"→"取消布线"→"网络"/"连接"/"器件"等命令，取消网络/连接/器件等已布好的线，可以对元器件重新布局、重新布线，也可进行多次调整，以期达到更好的布线效果。网络均已布通的效果如图 3-50 所示。

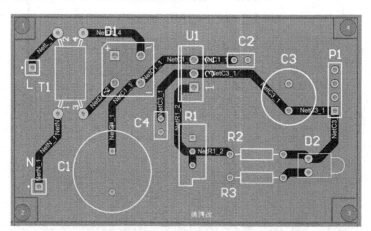

图 3-50　网络布通效果

> **提示**　请注意 GND 网络不要手动布线，GND 网络需连接大面积覆铜上。

任务 3.4　稳压电源单面 PCB 的检测与优化

本任务介绍稳压电源单面 PCB 的检测与修改，以及后期优化等内容。

3.4.1 稳压电源单面 PCB 的检测与修改

（1）执行"工具"→"设计规则检测"命令，打开"设计规则检测"对话框，如图 3-51 所示。单击"运行 DRC"按钮，进行 PCB 设计规则检测。系统自动产生一个"Design rule check-稳压电源电路.html"文件，从文件内容可以看出有 14 处违反设计规则：Un-Routed Net Constraint（网络未布通）错误有 7 个、Hole Size Constraint（违反默认孔径范围）错误有 4 个、Silk to Silk（违反丝印层间距）错误有 3 个，检测结果如图 3-52 所示。

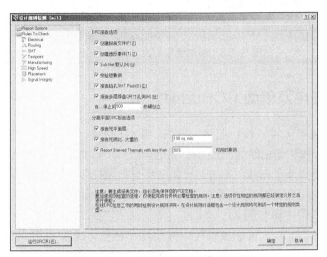

图 3-51 "设计规则检测"对话框

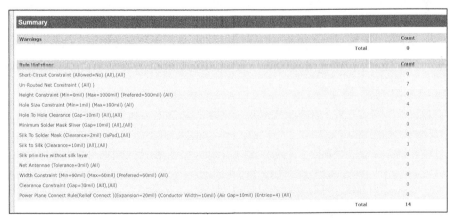

图 3-52 检测结果

（2）正确处理检测结果。双击每一类型错误，展开其具体内容，发现网络未布通 7 个错误均跟 GND 网络有关，这没有问题，后续优化时会将 GND 网络连接到大面积覆铜上。4 个安装孔造成的 4 个违反孔径范围的错误也可以不理会，它们是用来固定 PCB 的。3 个丝印层文字（黄色的）错误是由元器件编号 R2、R3 造成的，可将 R2、R3 丝印移开点，如图 3-53 所示，保存后再次执行"工具"→"设计规则检测"命令，再次核对 PCB 规则检测结果，只有 7 个与 GND 网络、4 个与安装孔有关的共 11 个错误，说明 PCB 布线基本符合预先设定的布线规则，满足 PCB 设计技术指标（6）的要求。

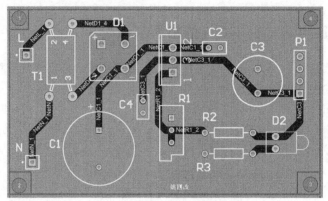

图 3-53　移动丝印层文字后的 PCB 图

3.4.2　稳压电源单面 PCB 后期优化

PCB 的后期优化有 4 种：线、泪滴、覆铜、GND 网络。

（1）线的优化。线的优化是同一面的布线夹角大于等于 90°。稳压电源电路 PCB 单面板采用的是手动布线，布线时已经使所有布线夹角大于等于 90°。

微课 3-5

（2）泪滴的优化。因为稳压电源电路的所有线宽是 60mil，比较宽，泪滴优化效果不明显，所以将在后续项目中再介绍。

（3）覆铜的优化。PCB 大面积覆铜可以减小地线阻抗，提高 PCB 抗干扰能力，降低电压降，提高电源效率，与地线相连还可减小环路面积。大面积覆铜一般采用实心覆铜（也可以是视频演示中的网格覆铜）。将 PCB 当前板层改为"Bottom Layer"，执行"放置"→"多边形覆铜"命令，打开"多边形覆铜"对话框，底层多边形覆铜的设置如图 3-54 所示，单击"确定"按钮，十字形工作光标会沿着 PCB 外框画一个封闭多边形覆铜框，结果如图 3-55 所示。

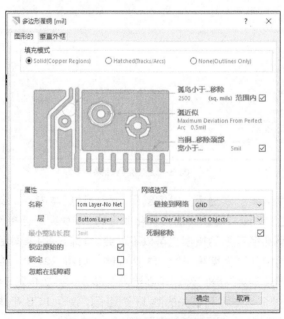

图 3-54　底层多边形覆铜设置

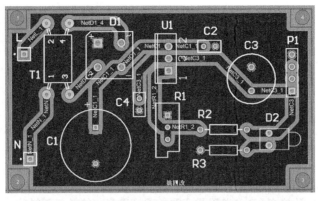

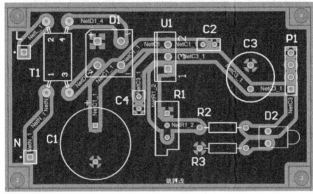

图 3-55　底层多边形覆铜结果

（4）GND 网络的优化。放大查看 GND 网络焊盘，如图 3-56 所示。GND 网络连接到多边形覆铜的连线太细，会在焊接时容易焊断，因此需要加宽 GND 网络与多边形覆铜连线。执行"设计"→"规则"命令，弹出"PCB 规则及约束编辑器"对话框，展开设计规则中的"Plane"，设置"PolygonConnect"的"导线宽度"为"30mil"，如图 3-57 所示，单击"确定"按钮后双击多边形覆铜区域，打开"Confirm"对话框，如图 3-58 所示，单击"Yes"按钮后系统自动更新多边形覆铜，GND 网络与多边形覆铜连线加粗。GND 网络优化效果如图 3-59 所示。

图 3-56　放大查看 GND 网络焊盘　　　　　图 3-57　设置"PolygonConnect"

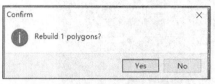

图 3-58　"Confirm" 对话框　　　　　　　图 3-59　GND 网络优化效果

提示　① PCB 优化后不需要再进行规则检测。
　　　② 同学们设计的 PCB 有差异是正常情况，千篇一律才不正常。

学生悟道

1. 如何设置 PCB 坐标原点？
2. 交互式布线如何更改布线板层和方向？

技能链接三　打印输出 PCB 图

（1）执行"文件"→"页面设置"命令，打开"Composite Properties"对话框，如图 3-60 所示，按图 3-60 所示设置其中各项内容。

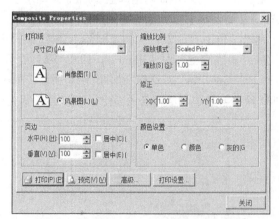

图 3-60　"Composite Properties" 对话框

（2）单击图 3-60 中的"高级"按钮，打开"PCB Printout Properties"对话框，右击"Name"栏"Top Layer"板层名称，调出快捷菜单，删除"Top Layer"等层，即不打印顶层，只留下"Multi-Layer""Bottom Layer"两个打印板层。"PCB Printout Properties"设置如图 3-61 所示。

提示　自己手工制作 PCB 时，打印底层图形必须是镜像图，即在图 3-61 中要选中"Mirror"复选框。

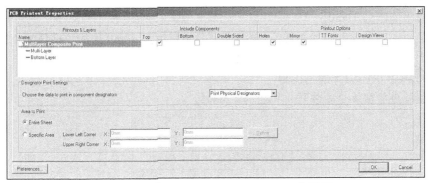

图 3-61　"PCB Printout Properties" 设置

（3）执行"文件"→"打印"命令，即可打印 PCB 图。

实战项目五　方波发生器单面 PCB 设计

方波发生器电路原理图如图 3-62 所示，请设计该电路的单面 PCB，技术指标要求如下。

（1）单面板，PCB 尺寸为 2000mil×2400mil，禁止布线区与 PCB 边缘的距离为 200mil。

（2）最小间距为 15mil。

（3）最小铜膜导线宽度为 20mil，电源铜膜导线宽度为 40mil，导线拐角为 45°。

（4）对 PCB 进行后期优化（布线、泪滴、覆铜、GND 网络）。

（5）对 PCB 进行设计规则检测。

（6）在 4 角放置 4 个安装孔，孔径为 120mil。

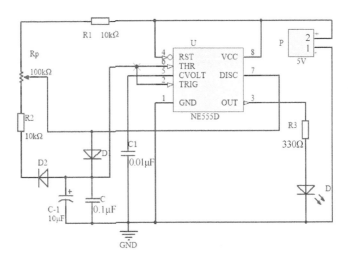

图 3-62　方波发生器电路原理图

实战项目六　红外对射电路单面 PCB 设计

红外对射电路原理图如图 3-63 所示，请设计该电路的单面 PCB，技术指标要求如下。

（1）单面板，PCB 尺寸为 2000mil×2400mil，禁止布线区与 PCB 边缘的距离为 200mil。

（2）最小间距为 10mil。

（3）最小铜膜导线宽度为 20mil，电源铜膜导线宽度为 40mil 导线，拐角为 45°。

（4）优化 PCB（布线、泪滴、覆铜、GND 网络）。

（5）对 PCB 进行设计规则检测。

（6）在 4 角放置 4 个安装孔，孔径为 120mil。

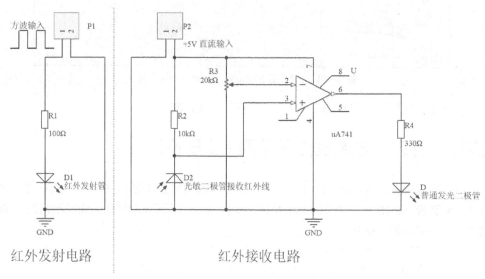

图 3-63 红外对射电路原理图

项目4
设计照明电路双面PCB

04

岗位素养

- 根据实物或元器件手册确定元器件的封装类型。
- 异形 PCB 的人工规划。
- 修改载入 PCB 环境时元器件或网络的各类错误。
- 模块化布局和布线规则设置。

项目导读

本次项目是在项目 2 照明电路原理图的基础上进行 PCB 设计工作。照明电路原理图如图 4-1 所示。同学们将学习如何根据电路原理图设计满足一定技术要求的双面 PCB，以及怎样向 PCB 生产厂家输出相关制造文件等内容。

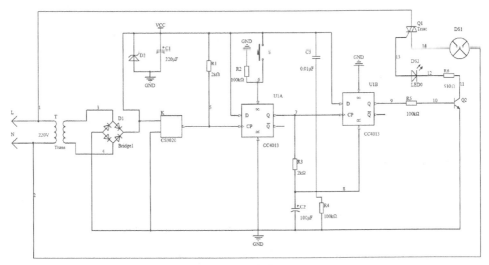

图 4-1　照明电路原理图

重难点内容

- 人工规划 PCB 形状。

- 模块化布局。
- 布线规则设置。
- 撤销布线的方法。
- 开关 S 封装类型的制作及应用。

相关知识

（一）覆铜板种类

覆以铜箔的绝缘层压板称为覆铜箔层压板（Copper Clad Laminates，CCL），简称"覆铜板"。它是用腐蚀铜箔法制作 PCB 的主要材料，主要起电气互连、绝缘和元器件支撑作用，对电路中信号的传输速度、能量损耗和特性阻抗等有很大的影响。因此，PCB 的性能、品质，以及在制造中的可加工性、技术水平、成本、可靠性、稳定性等，在很大程度上取决于覆铜板的质量。

覆铜板一般是用增强性材料（玻璃布、玻璃毡、浸渍纤维纸等），浸以树脂胶粘剂，通过烘干、裁剪、叠合成坯料，然后覆上铜箔，用钢板作模具，在热压机中经高温、高压成型制成的。覆铜板种类很多，目前我国常见的覆铜板种类如表 4-1 所示。

表 4-1　常见的覆铜板种类

覆铜板名称	覆铜板标称厚度/mm	铜箔厚度/μm	覆铜板特点
酚醛纸基覆铜板	1.0、1.5、2.0、2.5、3.2	18、35、70	价格低，阻燃强度低，易吸水，耐高温性能差
环氧纸基覆铜板	1.0、1.5、2.0、2.5、3.2	18、35、70	价格高于酚醛纸基覆铜板，机械强度、耐高温和潮湿性较好
环氧玻璃布覆铜板	0.2、0.3、0.5、1.0、1.5、2.0、3.0	18、35、70	性能优于环氧纸基覆铜板，且基板透明
聚四氟乙烯覆铜板	0.25、0.3、0.5、0.8、1.0、1.5、2.0	18、35、70	价格高，介电常数低，介质损耗低，耐高温，耐腐蚀
聚酰亚胺挠性覆铜板	0.2、0.5、0.8、1.2、1.6、2.0	9、18、35、70	可挠性、重量轻

（二）PCB 工作层

PCB 设计中各个工作层的含义如表 4-2 所示。

表 4-2　PCB 设计中各个工作层的含义

工作层	作用
信号层	用于放置与信号有关的电气对象，如元器件和布线等。最多可提供 32 个信号层，即顶层（Top Layer）、底层（Bottom Layer）和中间层（Mid-Layer 1～Mid-Layer 30）
内部电源/接地层	用于布置电源线和接地线，往往用作大面积的电源或地。最多可提供 16 个内部电源/接地层，即 Internal Plane 1～ Internal Plane 16
机械层	用于确定 PCB 的形状、轮廓、尺寸，可放置元器件尺寸等重要信息。最多可提供 16 个机械层，即 Mechanical 1～Mechanical 16

（续表）

工作层	作用
阻焊层/助焊层	用于确保 PCB 上不需要刷锡的地方不被镀锡，从而保证 PCB 运行的可靠性。其中 Top Solder 和 Bottom Solder 分别为顶层阻焊层和底层阻焊层，Top Paste 和 Bottom Paste 分别为顶层锡膏防护层和底层锡膏防护层
丝印层	用于放置元器件的轮廓、编号和其他文本信息。其中，Top Overlay 和 Bottom Overlay 分别为顶层丝印层和底层丝印层
其他层	钻孔方位层（Drill Guide）和钻孔绘图层（Drill Drawing）：主要是为制造 PCB 提供钻孔信息； 禁止布线层（Keep-Out Layer）：主要用于绘制 PCB 的电气边框，即指定放置元器件和布线的区域； 多层（Multi-Layer）：代表所有的信号层，在它上面放置的元器件会自动地放到所有的信号层上，所以可以通过 Multi-Layer 将焊盘快速地放置到所有的信号层上

项目目标

- 会人工规划 PCB 形状。
- 能修改元器件和网络载入到 PCB 环境时的各类错误。
- 能设计及优化照明电路双面 PCB。

设计出照明电路双面 PCB，其顶层图类似图 4-2 所示，底层图类似图 4-3 所示，检查优化后会输出相关 PCB 制作文件，送到专业 PCB 制板厂制作照明电路双面 PCB 实物。也可以制作自己感兴趣的电路 PCB 实物，尝试焊接并调试 PCB。

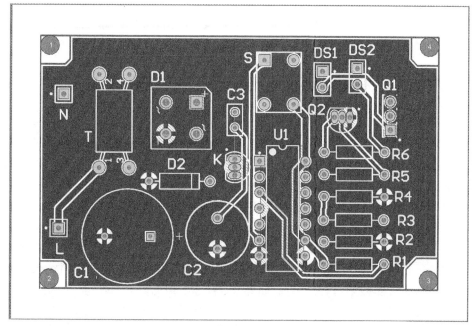

图 4-2　照明电路双面 PCB 顶层图

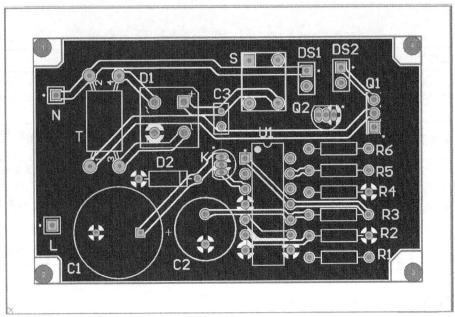

图 4-3　照明电路双面 PCB 底层图

基本技术指标要求如下。

（1）双面板，PCB 尺寸为 3000mil×2000mil，禁止布线区与 PCB 边缘的距离为 200mil。

（2）采用插针式元器件。

（3）焊盘之间允许走一根铜膜导线，最小间距为 10mil。

（4）最小铜膜导线宽度为 20mil，电源铜膜导线宽度为 40mil，导线拐角为 45°。

（5）对 PCB 进行设计规则检测，并进行布线后的优化处理。

（6）在 4 角放置 4 个安装孔，孔径为 120mil。

任务 4.1　照明电路原理图元器件封装类型的检查与修改

　　本任务主要介绍检查和修改照明电路原理图中元器件封装类型，添加自制元器件 CS3020、CC4013 封装类型，开关 S 封装类型的灵活处理方法，具体步骤如下。

微课 4-1

　　（1）执行"文件"→"打开工程"命令，打开项目 2"照明电路.PrjPcb"。

　　（2）照明电路原理图如图 4-1 所示，逐一检查"照明电路.SchDoc"原理图中元器件封装类型，每个元器件有没有"Footprint"栏、封装类型是否看得见、封装类型是否和实物一致。

　　（3）添加自制元器件 CS3020、CC4013 封装类型。双击鼠标左键打开 CS3020 元器件属性对话框，无"Footprint"栏，则单击下方"Add"按扭，打开"添加新模型"对话框，如图 4-4 所示，分别单击"确定"→"浏览"→ ▼ 按扭，在"Miscellaneous Devices.IntLib"元器件库中找到"TO-92A"封装类型，如图 4-5 所示，单击两次"确定"按钮后，CS3020 元器件属性对话框如图 4-6 所示。照此方法，分别给元器件 CC4013 两个功能模块也添加 DIP-14 封装类型，第二个功能模块添加封装类型后的属性对话框如图 4-7 所示。

提示　自制元器件 CS3020 封装类型可以为 TO-92A 或 VR5 等，自制元器件 CC4013 的封装类型可以为 14 脚 DIP14 或 DIP-14 等。

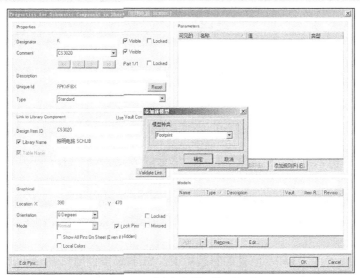

图 4-4　"添加新模型"对话框

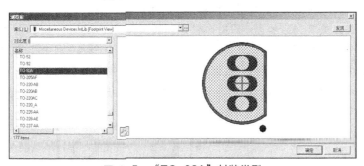

图 4-5　"TO-92A"封装类型

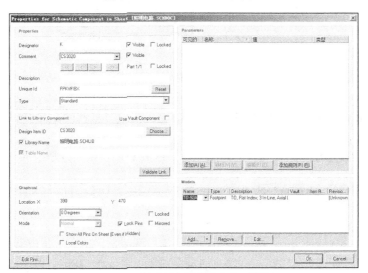

图 4-6　CS3020 元器件属性对话框

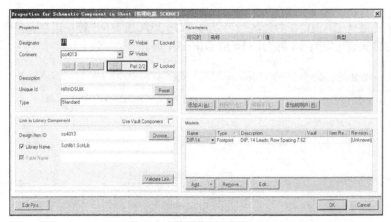

图 4-7　CC4013 第二个功能模块添加封装类型后的属性对话框

> **提示**　在图 4-7 中，Part 后的分数含义：分母"2"代表 CC4013 元器件有两个功能模块，
> 分子"2"时表明当前为元器件的第二个功能模块，在原理图中用字母"B"表示。

（4）检查 C1、C2、C3 和晶闸管的封装类型。C1 封装类型默认 RB7.6-15 不变，C2 封装类型由默认的 RB7.6-15 改为 RB5-10.5，C3 封装类型由默认的 RAD-0.3 改为 RAD-0.1，晶闸管封装类型可以是三极管的封装类型，这里用 369-03 封装类型。

（5）检查按键开关 S 封装类型。开关 S 默认封装类型为 SPST-2，与实际开关差别比较大，需要更改。可以先将按键开关 S 封装类型暂定为 DPST-4，如图 4-8 所示，后续再利用个性元器件库修改到满意的封装类型（也可以按项目 5 的方法自制封装类型）。

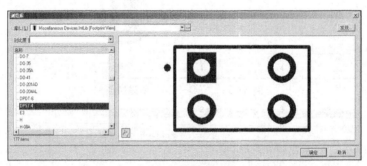

图 4-8　开关 S 封装类型暂定为 DPST-4

任务 4.2　照明电路双面 PCB 的人工规化及环境设置

本任务介绍照明电路双面 PCB 的人工规划、PCB 环境参数设置等内容。

4.2.1　PCB 环境设置

（1）双击"照明电路.PcbDoc"文件名，进入 PCB 工作环境。

（2）设置 PCB 栅格。右击 PCB 空白处，调出快捷菜单，执行"跳转栅格"→"栅格属性"命令，打开的"Cartesian Grid Editor"对话框如图 4-9 所示，将网格步进值改为"10mil"，步进改为 2 倍。

（3）设置板层和颜色。执行"设计"→"板层颜色"命令，打开"视图配置"对话框，按照图 4-10 所示进行设置，单击"确定"按钮后，PCB 设计环境板层显示如图 4-11 所示。单击板层名可将其改变为当前板层，使用键盘上的"+""–"键也可改变当前板层。

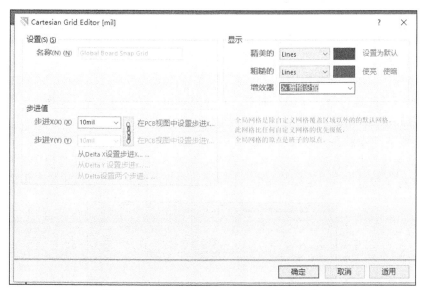

图 4-9　"Cartesian Grid Editor"对话框

图 4-10　"视图配置"对话框

▪ Top Layer ▪ Bottom Layer ▪ Mechanical 1 ▪ Top Overlay ▪ Top Paste ▪ Bottom Paste ▪ Top Solder ▪ Bottom Solder ▫ Drill Guide ▫ Keep-Out Layer ▫ Drill Drawing ▪ Multi-Layer

图 4-11　PCB 设计环境板层显示

（4）设置 PCB 坐标原点。执行"编辑"→"原点"→"设置"命令，将 PCB 左下角设定为坐标原点。

4.2.2 照明电路双面 PCB 人工规划

（1）绘制 PCB 板形。用快捷键"+"或"－"将 PCB 设计环境当前工作板层改为"Mechanical 1"，执行"放置"→"走线"命令，从原点开始画一个封闭矩形，大小为 3000mil×2000mil（可以画异形板）。

（2）确定 PCB 板形。框选已画矩形边框，执行"设计"→"板子形状"→"按照选择对象定义"命令。

（3）确定电气边框。用快捷键"+"或"－"将 PCB 设计环境当前工作板层改为"Keep-Out Layer"，执行"放置"→"走线"命令，从（200mil，200mil）点开始画一个封闭矩形，大小为 2600mil×1600mil。

（4）放置 4 个安装孔。执行"放置"→"焊盘"命令，按"Tab"键打开"焊盘"属性对话框，按要求填写安装孔参数，如图 4-12 所示。将 PCB 设计环境当前工作板层改为"Keep-Out Layer"，执行"放置"→"走线"命令，将 4 个安装孔围起来，最终结果如图 4-13 所示。

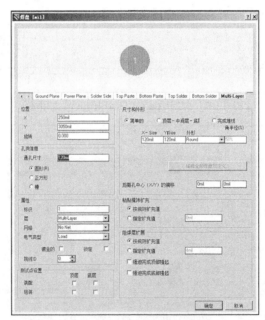

图 4-12　填写安装孔参数

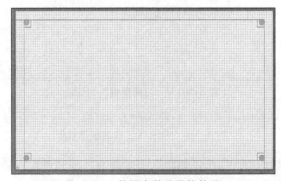

图 4-13　放置安装孔最终效果

> 提示　① 物理边界定义 PCB 实际物理尺寸。
> 　　　② 电气边界定义 PCB 放置元器件和布线的区域。
> 　　　③ 按 "Q" 键可以使 PCB 环境单位在 mm 与 mil 之间转换。

任务 4.3　照明电路双面 PCB 设计

本任务将介绍如何将原理图中的元器件和网络关系载入到 PCB 中、利用项目个性 PCB 封装库修改开关 S 封装类型、手工模块化布局、布线规则设置、自动布线。

4.3.1　将电路原理图中的元器件和网络关系载入到 PCB 中

（1）将"照明电路.SchDoc"设为当前文档，请仔细检查或修改电路图中各元器件的封装类型，思考 3 个问题：元器件属性对话框中有没有"Footprint"栏？封装类型是否看得见？是否和实物一致？

（2）在"照明电路.SchDoc"文档中，执行"放置"→"网络标签"命令，给电路图中各个网络连接放置一个名称（网络标签），最好从"1"开始，如图 4-14 和图 4-15 所示，照明电路原理图中有 21 个元器件、16 个网络。

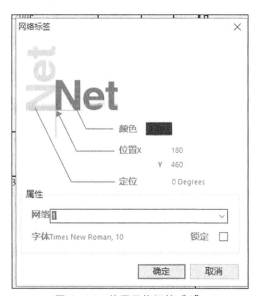

图 4-14　放置网络标签"1"

（3）将"照明电路.PcbDoc"设为当前文档，执行"放置"→"字符串"命令，在"Top Overlay"层中将自己的名字放在右下角。

（4）执行"设计"→"Import Changes From 照明电路.PrjPcb"命令，打开"工程更改顺序"对话框，如图 4-16 所示。

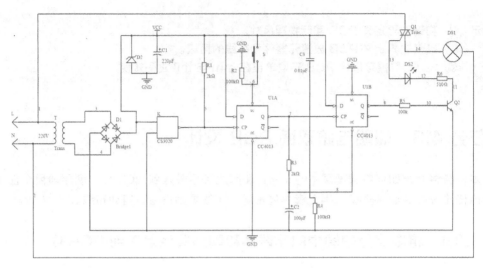

图 4-15　放置网络标签后的效果

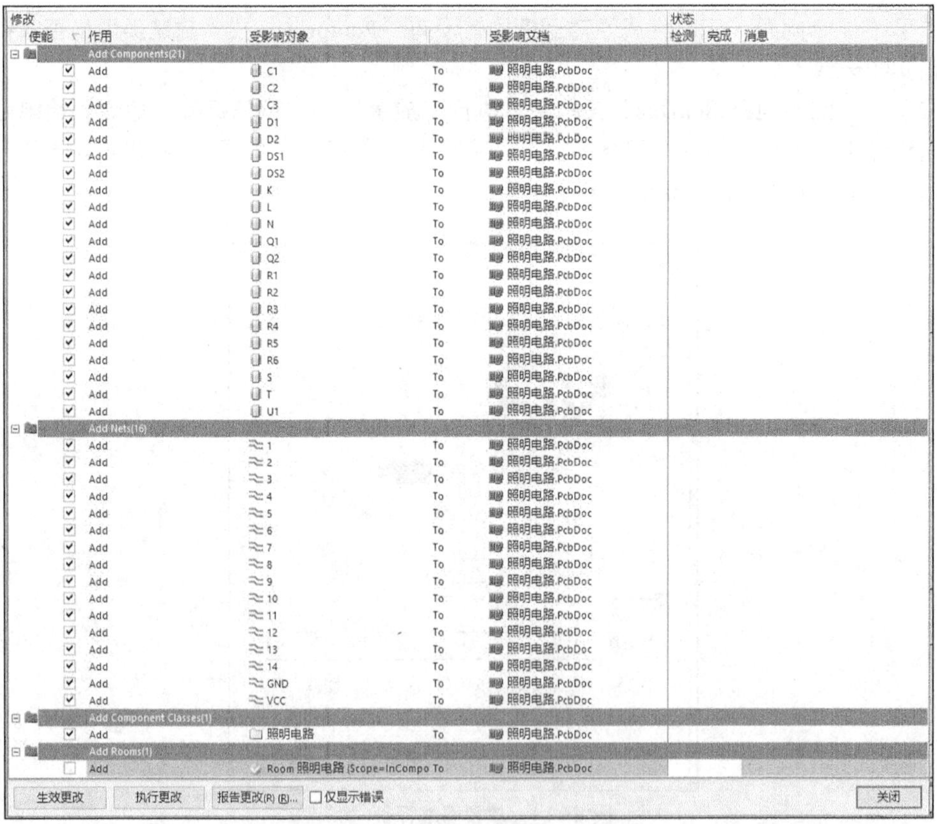

图 4-16　"工程更改顺序"对话框

（5）单击"生效更改"按钮，在"检测"列下面就会出现一列✅（若有❌，请检查元器件封装类型），如图 4-17 所示。再单击"执行更改"按钮，系统将照明电路中的元器件、网络关系全部载入到 PCB 环境中，此时"工程更改顺序"对话框的"完成"列下面也会出现一列✅。

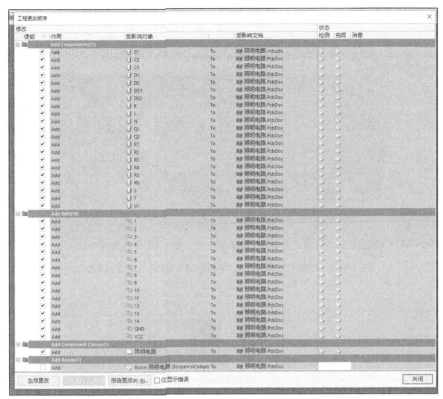

图 4-17　载入项全部正确的"工程更改顺序"对话框

（6）单击"关闭"按钮，关闭"工程更改顺序"对话框，载入元器件和网络关系后的效果如图 4-18 所示。

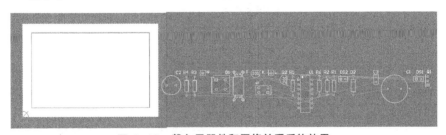

图 4-18　载入元器件和网络关系后的效果

4.3.2　利用项目个性 PCB 封装库修改开关 S 封装类型

将"照明电路.PcbDoc"设为当前文档，执行"设计"→"生成 PCB 库"命令，系统会自动产生一个照明电路项目个性封装库"照明电路.PcbLib"，如图 4-19 所示。

（1）开关 S 封装类型和实际有差别，如图 4-20 所示，所以还需修改。

（2）执行"编辑"→"设置参考"→"1 脚"命令，将元器件参考点设置在器件的 1 脚处。删除右边、底边的黄色丝印线。

（3）将 2 脚移至坐标（190mil，−280mil）处，将 3 脚移至坐标（190mil，0mil）处，将 4 脚移至坐标（0mil，−280mil）处。

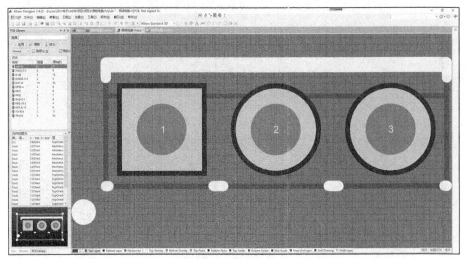

图 4-19 照明电路项目的个性封装库"照明电路.PcbLib"

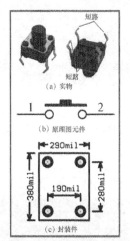

图 4-20 开关 S 封装类型

（4）将左边、上边的黄色丝印线扩大并复制，最终使其轮廓大小为 290mil×380mil，实际开关 S 封装类型如图 4-21 所示。

（5）保存后执行"工具"→"更新 PCB 器件用当前封装"命令，打开"器件更新选项"对话框，如图 4-22 所示，单击"确定"按钮确认更新。

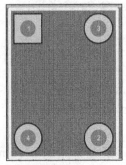

图 4-21 实际开关 S 封装类型

图 4-22 "器件更新选项"对话框

4.3.3　手工模块化布局

1. 设置布局规则

执行"设计"→"规则"命令，打开"PCB 规则及约束编辑器"对话框，如图 4-23 所示。选择"Placement"选项，可设置元器件布局方面的规则。本项目均采用默认设置。

微课 4-2

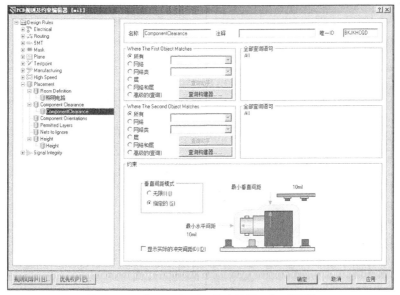

图 4-23　"PCB 规则及约束编辑器"对话框

2. 手工模块化布局

（1）在"照明电路.SchDoc"文档中，选中电路中前半部分 L、N、T、D1、D2、C1、K 等元器件，则在"照明电路.PcbDoc"中这些元器件会高亮显示，将这些元器件布置在 PCB 左侧，部分元器件的布局如图 4-24 所示。

（2）按照模块化布局思想，对其他部分依次进行手动模块化布局。

（3）注意元器件布局时一定要结合电路原理图。元器件在布局时随之移动的飞线要短、顺畅，照明电路 PCB 手动布局参考结果如图 4-25 所示，需要注意所有元器件引脚距离 PCB 边缘 3mm 以上，以满足布局原则。

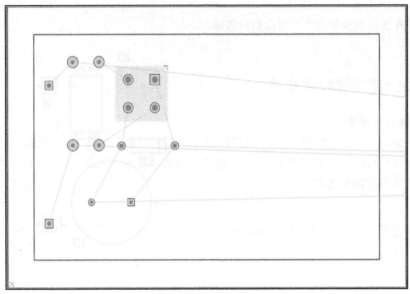

图 4-24　部分元器件布局

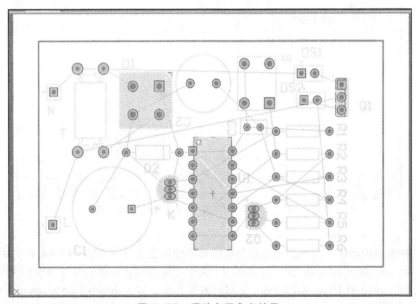

图 4-25　手动布局参考结果

（4）目前已满足的设计技术指标：PCB 尺寸为 3000mil×1900mil，禁止布线区与 PCB 边缘的距离为 200mil，电路图中所有元器件均采用插针式封装。

4.3.4　布线规则设置

执行"设计"→"规则"命令，打开"PCB 规则及约束编辑器"对话框，一般需要设置以下几项规则。

（1）Clearance（安全间距）

单击规则名称"Clearance"，"最小间隔"设置为"10mil"，如图 4-26 所示。

图 4-26　"Clearance" 设置

（2）Width（线宽规则）

单击规则名称 "Width", 先设置最小铜膜导线宽度为 "20mil", 如图 4-27 所示。

图 4-27　最小铜膜导线宽度设置

右击规则名 "Width", 弹出快捷菜单, 执行 "新建规则" 命令, 选中 "网络" 单选项,
通过 ▼ 按钮分别选择 VCC、1、2、3、4 五个网络名称, 在对话框右下方输入这些网络线宽
值为 "40mil", VCC 网络线宽设置如图 4-28 所示, 4 网络线宽设置如图 4-29 所示。

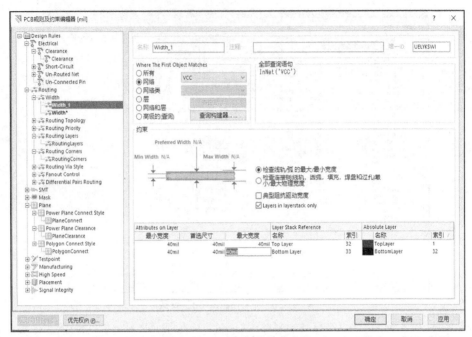

图 4-28 VCC 网络线宽设置

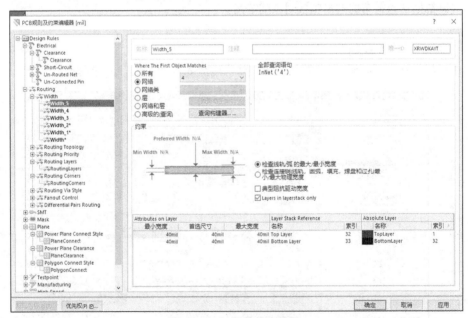

图 4-29 4 网络线宽设置

> 提示　Width 为一般线宽设定规则；Width_1 至 Width_5 为要求加宽的特殊线宽设置规则。

（3）RoutingLayers（布线层面）

单击规则名称"RoutingLayers"，双面板布线层面设置如图 4-30 所示。

图 4-30　双面板布线层面设置

（4）RoutingCorners（布线转角）

单击规则名称"RoutingCorners"，打开该规则设置界面，设置为 45° 转角，布线转角设置如图 4-31 所示。

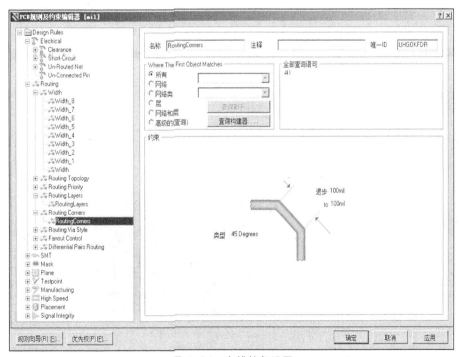

图 4-31　布线转角设置

（5）Manufacturing（制造参数）

孔间距设置如图 4-32 所示，阻焊层间距设置如图 4-33 所示，丝印到焊盘间距设置如图 4-34 所示，丝印到丝印间距设置如图 4-35 所示。

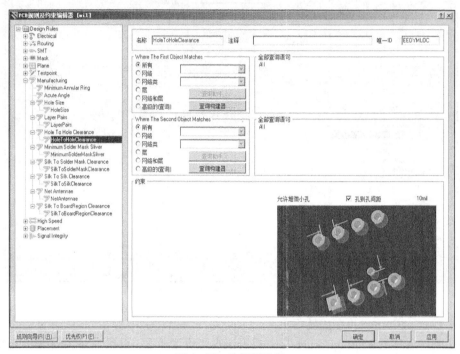

图 4-32　孔间距设置

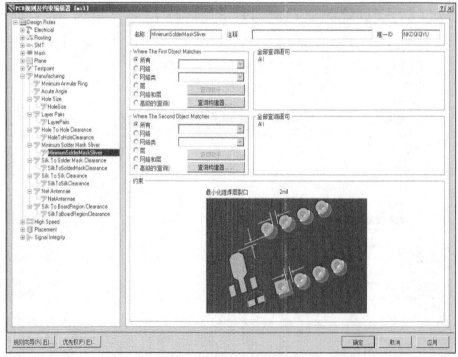

图 4-33　阻焊层间距设置

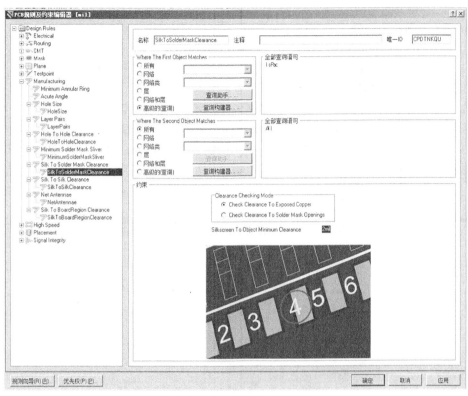

图 4-34　丝印到焊盘间距设置

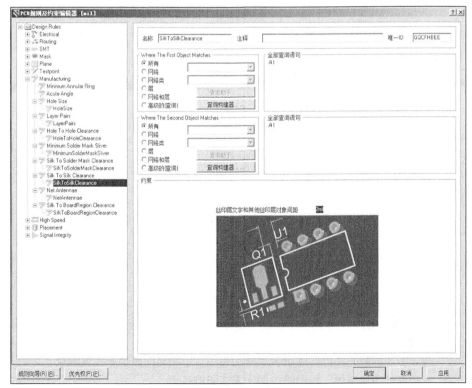

图 4-35　丝印到丝印间距设置

4.3.5　自动布线

（1）执行"自动布线"→"全部对象"命令，打开"Situs 布线策略"对话框，如图 4-36 所示，选中"布线后消除冲突"复选框。

（2）单击图 4-36 中的"Route All"按钮，开始对 PCB 进行自动布线，同时系统自动打开一个"Messages"工作面板，以显示当前自动布线进展，如图 4-37 所示。

（3）自动布线结束后信息栏显示两个"0"说明自动布线全部完成（只要有一个非 0，则说明有没布通的飞线），自动布线效果如图 4-38 所示。

图 4-36　"Situs 布线策略"对话框

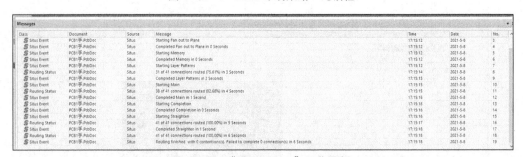

图 4-37　"Messages"工作面板

> 提示　① "Message"工作面板中最后信息显示两个"0"表示所有的电气网络都已完成布线。
> ② 建议多次调整元器件布局后多次自动布线，所用时间越少布局就越优。
> ③ 元器件的布局越优，后续线的优化工作量就越小。

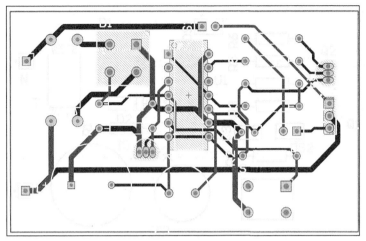

图 4-38　自动布线效果

任务 4.4　照明电路双面 PCB 的检测与优化

本任务介绍如何进行 PCB 设计规则检测、优化布线、泪滴焊盘优化及放置安装孔、覆铜优化及 GND 网络优化。

4.4.1　PCB 设计规则检测

> **提示**　在 PCB 设计规则检测之前，同学们最好将黄色的丝印文字拖离焊盘、元器件外框。

（1）执行"工具"→"设计规则检测"命令，打开"设计规则检测"对话框，如图 4-39 所示。

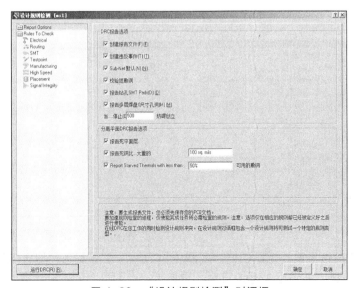

图 4-39　"设计规则检测"对话框

（2）单击图 4-39 中的"Manufacturing"选项，取消选中最下面一行的检测，如图 4-40 所示。

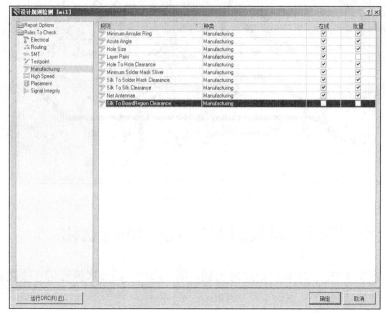

图 4-40 "设计规则检测"对话框设置

（3）单击 运行DRC(R)(B)... 按钮，启动设计规则检测，系统会自动产生一个检测文件，给出检测结果，如图 4-41 所示。检测结果无警告，但有 11 处违反设计规则。

Rule Violations	Count
Width Constraint (Min=40mil) (Max=40mil) (Preferred=40mil) (InNet('NetL_1'))	0
Width Constraint (Min=40mil) (Max=40mil) (Preferred=40mil) (InNet('NetDS2_1'))	0
Width Constraint (Min=40mil) (Max=40mil) (Preferred=40mil) (InNet('NetDS1_2'))	0
Width Constraint (Min=40mil) (Max=40mil) (Preferred=40mil) (InNet('NetDS1_1'))	0
Width Constraint (Min=40mil) (Max=40mil) (Preferred=40mil) (InNet('NetD1_4'))	0
Width Constraint (Min=40mil) (Max=40mil) (Preferred=40mil) (InNet('NetD1_2'))	0
Width Constraint (Min=40mil) (Max=40mil) (Preferred=40mil) (InNet('VCC'))	0
Width Constraint (Min=40mil) (Max=40mil) (Preferred=40mil) (InNet('GND'))	0
Power Plane Connect Rule(Relief Connect)(Expansion=20mil) (Conductor Width=10mil) (Air Gap=10mil) (Entries=4) (All)	0
Clearance Constraint (Gap=10mil) (All),(All)	0
Width Constraint (Min=20mil) (Max=20mil) (Preferred=20mil) (All)	0
Net Antennae (Tolerance=0mil) (All)	0
Silk to Silk (Clearance=2mil) (All),(All)	10
Silk To Solder Mask (Clearance=2mil) (IsPad),(All)	1
Minimum Solder Mask Sliver (Gap=2mil) (All),(All)	0
Hole To Hole Clearance (Gap=10mil) (All),(All)	0
Hole Size Constraint (Min=1mil) (Max=100mil) (All)	0
Height Constraint (Min=0mil) (Max=1000mil) (Prefered=500mil) (All)	0
Un-Routed Net Constraint ((All))	0
Short-Circuit Constraint (Allowed=No) (All),(All)	0
Total	11

图 4-41 检测结果

（4）具体 11 处违反设计规则的信息如图 4-42 所示，主要是与标识符 R1、R2、R3、R5、R6、C3 的位置有关。移动相关标识符后，重复上一步骤再次进行设计规则检测直至没有违反设计规则信息为止。

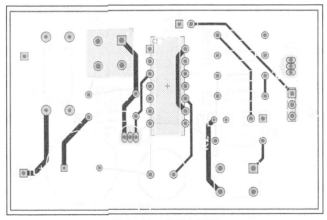

(图中文字)

Silk to Silk (Clearance=2mil) (All),(All)

Text "R2" (1958mil,1150mil) Top Overlay	Track (2060mil,1210mil)(2060mil,1290mil) Top Overlay
Text "R2" (1958mil,1150mil) Top Overlay	Track (2060mil,1210mil)(2300mil,1210mil) Top Overlay
Text "R6" (1958mil,474mil) Top Overlay	Track (2055mil,515mil)(2055mil,595mil) Top Overlay
Text "R5" (1953mil,629mil) Top Overlay	Track (2060mil,688mil)(2300mil,688mil) Top Overlay
Text "R5" (1953mil,629mil) Top Overlay	Track (2060mil,688mil)(2060mil,768mil) Top Overlay
Text "R3" (1958.441mil,975.442mil) Top Overlay	Track (2060mil,1036mil)(2300mil,1036mil) Top Overlay
Text "R3" (1958.441mil,975.442mil) Top Overlay	Track (2060mil,1036mil)(2060mil,1116mil) Top Overlay
Text "R1" (1958mil,1324mil) Top Overlay	Track (2004.882mil,1379.882mil)(2115.118mil,1379.882mil) Top Overlay
Text "R1" (1958mil,1324mil) Top Overlay	Track (2004.882mil,1379.882mil)(2004.882mil,1590.118mil) Top Overlay
Text "C3" (1110mil,805mil) Top Overlay	Track (1220mil,730mil)(1220mil,930mil) Top Overlay
Back to top	

Silk To Solder Mask (Clearance=2mil) (IsPad),(All)

| Text "R6" (1958mil,474mil) Top Overlay | Pad R5-1(1975mil,555mil) Multi-Layer |
| Back to top | |

图 4-42　11 处具体违反设计规则的信息

提示　每位同学设计的 PCB 不同，需要修改的内容也不同。

4.4.2　优化布线

对 PCB 进行布线是一个复杂的过程，需要考虑多方面的因素，包括美观、散热、干扰、是否便于安装和焊接等，更多时候还需要重新调整元器件的布局，而自动布线很难达到最佳效果，这时就需要借助手动布线的方法加以调整。

（1）执行"工具"→"取消布线"→"网络"命令，用十字形工作光标单击 GND 网络布线，取消 GND 的布线，GND 网络恢复飞线状态。

微课 4-3

（2）执行"设计"→"板层颜色"命令，在打开的"视图配置"对话框中取消选中左上方的"Bottom Layer"复选框，屏幕上只显示顶层布线图，如图 4-43 所示。观察顶层布线图发现没有需要优化的布线。

图 4-43　顶层布线图

（3）执行"设计"→"板层颜色"命令，在打开的"视图配置"对话框中选中左上方的"Bottom Layer"复选框，取消选中左上方的"Top Layer"复选框，单击"确定"按钮后屏幕上只显示底层布线图，如图 4-44 所示。

（4）小于 90°的布线需要优化。C3 的 1 脚 8 网络布线夹角小于 90°。执行"工具"→"取消布线"→"连接"命令，用十字形工作光标单击不合理布线，被取消布线的网络恢复飞线状态。

（5）交互式布线。执行"放置"→"交互式布线"命令或单击"配线"工具栏中的手工布线按钮 ，十字形工作光标在飞线的一头处单击以确定手工布线的起点，按"Space"键调整布线转角为 45° 方向，依次在布线拐点、终点处单击确定位置，右击后完成这根铜膜导线的布线工作。调整后的底层布线效果如图 4-45 所示。

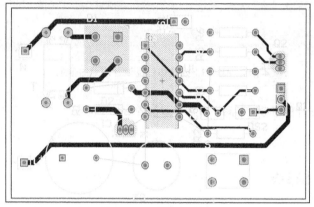

图 4-44　底层布线图

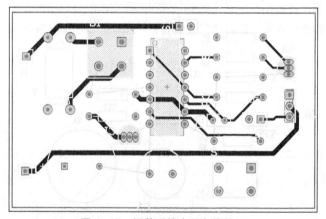

图 4-45　调整后的底层布线效果

> **提示**　在放置铜膜导线时，可通过"Shift +Space"组合键改变布线的各种转角模式。

（6）执行"设计"→"板层颜色"命令，在打开的"视图配置"对话框中选中"Bottom Layer"复选框和"Top Layer"复选框，恢复双层显示环境。

4.4.3　泪滴优化及放置安装孔

1. 泪滴优化

泪滴，即在电连接线和焊盘之间的一段过渡，过渡的地方呈现泪滴状，可以保护焊盘，避免在焊接时导线与焊盘的接触点处出现应力集中而断裂。执行"工具"→"泪滴"命令，打开"泪滴选项"对话框，单击"确定"按钮后，焊盘与细电线连接处变成圆弧过渡。焊盘泪滴优化后的效果如图 4-46 所示。

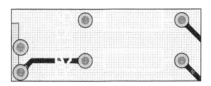

图 4-46　焊盘泪滴优化后的效果

2. 放置安装孔

（1）设置安装孔。执行"放置"→"焊盘"命令或单击"配线"工具栏中的"焊盘"按钮 ⊙，按"Tab"键，打开"焊盘"对话框，如图 4-47 所示。设置安装孔的通孔和形状尺寸均为"120mil"。

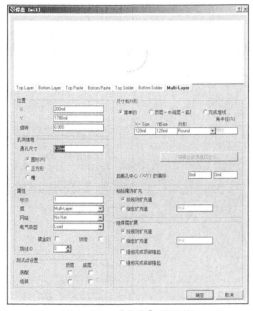

图 4-47　"焊盘"对话框

（2）单击"确定"按钮，然后将焊盘放置到电路板的 4 个角，并在"Keep-Out Layer"板层上执行"放置"→"走线"命令将 4 个安装孔围起来。放置安装孔后的效果如图 4-48 所示。

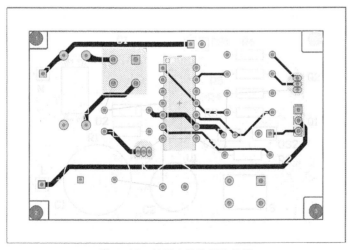

图 4-48　放置安装孔后的效果

4.4.4　覆铜优化

PCB 大面积覆铜可以减小地线阻抗，提高抗干扰能力，降低压降，提高电源效率，与地线相连减小环路面积。大面积覆铜一般采用网格状，网格状的散热性较好，并且可以防止过波峰焊时 PCB 发生翘起，只有低频大电流的电路才用实心的覆铜。

（1）执行"放置"→"多边形覆铜"命令，打开"多边形覆铜"对话框，当前工作层为底层，底层多边形覆铜设置如图 4-49 所示，单击"确定"按钮，用十字形工作光标沿着 2600×1600mil 的外框画一个封闭的多边形覆铜框，右击放置多边形覆铜。底层多边形覆铜效果如图 4-50 所示。

（2）切换当前工作层为顶层，再次执行"放置"→"多边形覆铜"命令，打开"多边形覆铜"对话框，顶层多边形覆铜设置过程同上，顶层多边形覆铜效果如图 4-51 所示。

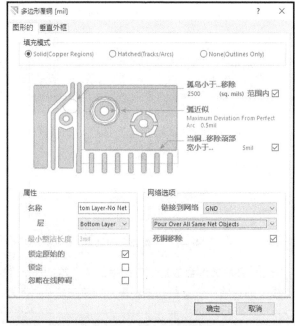

图 4-49　底层多边形覆铜设置

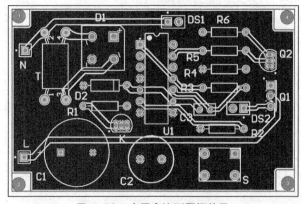

图 4-50　底层多边形覆铜效果

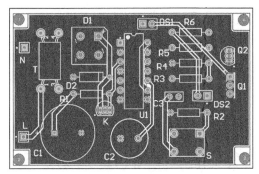

图 4-51 顶层多边形覆铜效果

4.4.5 GND 网络优化

GND 网络连接到多边形覆铜的连线太细会导致焊接时容易焊断，因此需要加宽 GND 网络与多边形覆铜连线。执行"设计"→"规则"命令，展开"PCB 规则及约束编辑器"对话框中的"Plane"选项，设置"PolygonConnect"值为"30mil"，并更新多边形覆铜，使 GND 网络与多边形覆铜连线加粗。

学生悟道

如何设置才能在自动布线时完成除 GND 网络外其他网络的布线？

技能链接四　PCB 工作层总结

在前面已给出了 PCB 设计过程的工作层介绍，如表 4-2 所示。在此重点归纳几种 PCB 设计过程中具体涉及的工作层及其意义。

1. 单面 PCB 设计

布线层主要涉及 Bottom Layer（底层）。

设计过程中一般要用到 Top Layer（顶层）、Bottom Layer（底层）、Mechanical 1（机械 1 层）、Top Solder（顶部阻焊层）、Top Paste（顶部助焊层）、Bottom Solder（底部阻焊层）、Bottom Paste（底部助焊层）、Top Overlay（顶层丝印层）、Keep-Out Layer（禁止布线层）、Multi-Layer（多层）、Drill Drawing（钻孔绘图层）。

2. 双面 PCB 设计

布线层主要涉及 Top Layer（顶层）、Bottom Layer（底层）。

跟单面 PCB 类似，设计过程中一般要用到 Top Layer（顶层）、Bottom Layer（底层）、Mechanical 1（机械 1 层）、Top Solder（顶部阻焊层）、Top Paste（顶部助焊层）、Bottom Solder（底部阻焊层）、Bottom Paste（底部助焊层）、Top Overlay（顶层丝印层）、Keep-Out Layer（禁止布线层）、Multi-Layer（多层）、Drill Drawing（钻孔绘图层）。

3. 多层 PCB 设计

布线层主要涉及 Component Side（元器件层）、Solder Side（焊接面层）、Power Plane（电源内层）、Ground Plane（地内层）。

设计过程中一般要用到 Component Side（元器件层）、Solder Side（焊接面层）、Power Plane（电源内层）、Ground Plane（地内层）、Mechanical 1（机械 1 层）、Mechanical 4（机械 4 层）、Mechanical 5（机械 5 层）、Mechanical 13（机械 13 层）、Top Solder（顶部阻焊层）、Top Paste（顶部助焊层）、Bottom Solder（底部阻焊层）、Bottom Paste（底部助焊层）、Top Overlay（顶层丝印层）、Keep-Out Layer（禁止布线层）、Multi-Layer（多层）、Drill Drawing（钻孔绘图层）。

技能链接五　加宽地网络（GND 网络）与大面积覆铜连接线

> **提示**　本技能在项目 3、项目 4 中均有涉及。

加宽地网络与大面积覆铜连接线的步骤如下。

（1）打开"设计"→"规则"→"Plane"→"PolyonConnect"设置页面，在其右下角修改导线宽度为"30mil"，如图 4-52 所示。

图 4-52　修改导线宽度为"30mil"

（2）分别双击 Top Layer（顶层）、Bottom Layer（底层）大面积覆铜区域，不修改对话框任何内容，单击"确定"按钮，打开"Confirm"对话框，如图 4-53 所示，单击"Yes"按钮，重建顶层、底层的大面积覆铜。

图 4-53　"Confirm"对话框

（3）地网络与大面积覆铜连接加宽前、后对比如图 4-54、图 4-55 所示。加宽后再焊接地网络时不容易断裂。

图 4-54 连接线加宽前

图 4-55 连接线加宽后

实战项目七 简易录放音电路双面 PCB 设计

元器件 ISD1400 的引脚如图 4-56 所示，请将图 4-57 所示的简易录放电路原理图设计成双面 PCB，技术指标要求如下。

图 4-56 ISD1400 引脚

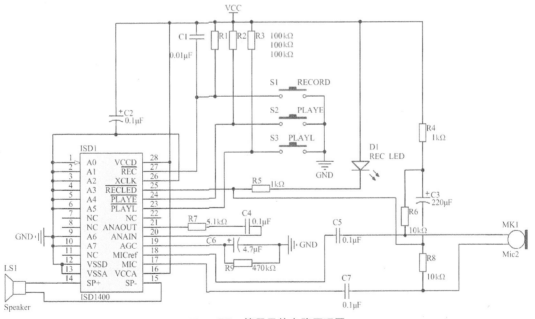

图 4-57 简易录放电路原理图

（1）双面板，PCB 尺寸为 2000mil×2400mil，禁止布线区与 PCB 边缘的距离为 200mil。

（2）最小间距为 10mil。

（3）最小铜膜导线宽度为 20mil，电源铜膜导线宽度为 40mil，导线拐角为 45°。

（4）优化 PCB（特别是布线修改夹角小于 90° 的同面导线）。

（5）对 PCB 进行设计规则检测。

（6）在 4 角放置 4 个安装孔，孔径为 120mil。

实战项目八　流水灯电路双面 PCB 设计

请将图 4-58 所示的流水灯电路原理图设计成双面 PCB，技术指标要求如下。

（1）双面板，PCB 尺寸为 2000mil×3000mil，禁止布线区与 PCB 边缘距离为 200mil。

（2）最小间距为 13mil。

（3）铜膜导线宽度为 20mil，电源铜膜导线宽度为 40mil，导线拐角为 45°。

（4）优化 PCB（特别是布线修改夹角小于 90° 的同面导线）。

（5）对 PCB 进行设计规则检测。

（6）在 4 角放置 4 个安装孔，孔径为 120mil。

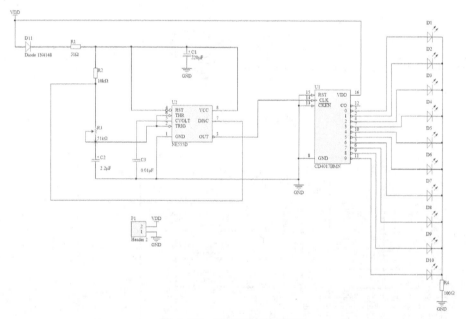

图 4-58　流水灯电路原理图

项目5
设计单片机电路双面PCB

岗位素养

- 元器件手册的查找、阅读、应用。
- 原理图和 PCB 图间的互相更新。
- 批量修改的广泛应用。
- 模块化布局。
- 布线规则设置。

项目导读

本项目用到的电路原理图是单片机电路原理图，根据单片机电路工作原理，按电路功能将该电路划分为 5 大模块：电源电路部分——给整个最小单片机系统提供电源；下载电路部分——主要为调试程序和将调试好的程序下载到最小单片机上服务；控制电路部分——是整个最小单片机系统的控制中心；按钮矩阵电路部分——整个最小单片机系统的输入部分；显示电路部分——整个最小单片机系统的输出部分。希望学生设计组装的单片机双面 PCB 能在后续的单片机的实验实训课中使用，进一步加强学生学习 PCB 设计课程的兴趣，同时增大与其他课程的联系，提升学生实际双面 PCB 的设计工作经验，为以后从事电路设计工作打下良好的基础。

重难点内容

- 元器件封装类型库的自制。
- 元器件属性的批量修改。
- 总线、总线入口线、网络标签、端口的使用方法。
- 模块化布局、布线规则设置。
- PCB 布线的优化。

相关知识

常用的布线工具。执行"查看"→"工具栏"→"布线"命令，调出"布线"工具栏，如图 5-1 所示。它对应"放置"菜单中上半部分的命令，是最常用的电气连接工具栏。总线、总线入口、网络标签、端口、电线等常用电气对象之间的关系如图 5-2 所示。

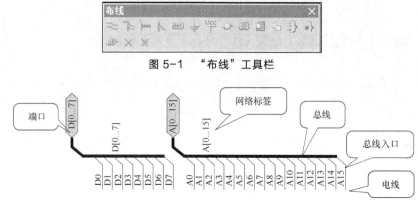

图 5-1 "布线"工具栏

图 5-2 常用电气对象之间的关系

1. 总线

总线是一组具有相同电气特性的并行信号线组合，如计算机内部的地址总线、数据总线、控制总线等。在原理图绘制过程中，为了便于电路原理图绘制、阅读和相互交流，也为了电路原理图美观、结构清晰，经常用一根较粗的电连接线来表示一组同类型的电连接。这根较粗的电连接线就是总线（Bus），即一根总线代表多根电线（Wire），是电连接线的一种表现形式，可以与总线入口、网络标签及端口一起配合使用，达到实际意义上的电气连接特性。

执行"放置"→"总线"命令，或单击"布线"工具栏上的"总线"按钮，光标变为十字形，移动十字形工作光标到欲放置总线的起点位置，单击鼠标左键，确定起点，在总线每一个转弯处及终点位置都单击鼠标左键确认即可绘制总线。

2. 总线入口

总线入口是单一导线与总线的连接线。

执行"放置"→"总线入口"命令，或单击"布线"工具栏上的"总线入口"按钮，十字形工作光标上就会粘一个总线入口线，此时可以按"Space"键变换其放置方向，确定位置后单击鼠标左键即可放置一个总线入口。

3. 网络标签

网络标签具有实际的电气连接意义，电路图中具有相同网络标签的导线，它们实际上是连接在一起的，如图 5-3 所示。当需要连接的线段比较长或因电路较复杂，绘制电连接线比较困难时，应尽量使用放置网络标签的方法来实现电气连接。

放置网络标签的过程在项目 3 中已讲过，网络标签一定要放置到具体电连接线上，悬浮的网络标签是没有任何意义的。

4. 端口

复杂电路图中任何两个具有相同名称的端口，也同样实现了电气连接。也就是说，电路图中具有相同名称的两个端口实际上是连接在一起的。执行"放置"→"端口"命令，或单击"布线"工具

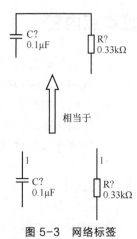

图 5-3 网络标签

栏上的"端口"按钮 ，十字形工作光标上就会粘连一个端口，分别单击鼠标左键确定端口的起点、终点位置即可放置端口。

项目目标

- 单片机电路原理图设计。
- 单片机电路原理图元器件库、PCB 封装库的创建和调用。
- 单片机电路双面 PCB 设计。

任务 5.1 自制 STC89C51 元器件原理图符号

本任务主要介绍 STC89C51 元器件原理图符号的制作过程。

单片机电路原理图如图 5-4 所示，是单片机专业课中学生实验实训电路板的原理图。根据电路功能将该电路划分为 5 大模块：电源电路部分、下载电路部分、控制电路部分、按钮矩阵电路部分、显示电路部分。该电路中的 STC89C51 元器件原理图符号在 Altium Designer 2014 软件系统元器件库中查找不到需要自制，互联网上很容易查到 STC89C51 元器件使用手册，请同学们认真阅读。STC89C51 元器件原理图符号如图 5-5 所示，一般使用 DIP-40 的封装类型。

微课 5-1

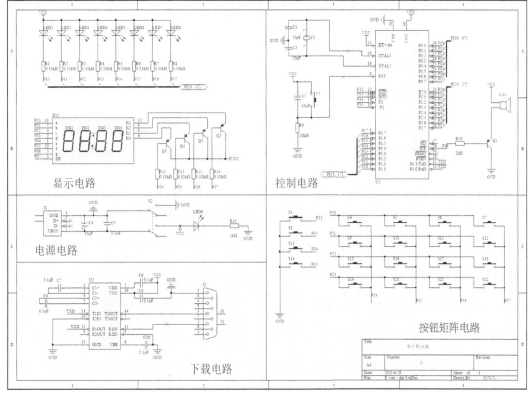

图 5-4 单片机电路原理图

图 5-5　STC89C51 元器件原理图符号

（1）新建一个单片机电路 PCB 项目，搭建好项目框架。当前文件改为"mySchlib.SchLib"，展开"SCH Library"面板，系统打开一张新的元器件编辑图纸。

（2）执行"工具"→"新元器件"命令，在"New Component Name"对话框中输入"STC89C51"。

（3）执行"工具"→"文档选项"命令，打开"库编辑器工作区"对话框，确认当前捕获网格、可视网格的值均为"10"，其他参数一般不需要改变。

（4）执行"放置"→"矩形"命令，在第四象限靠近坐标原点（X:0，Y:0）的位置放置一个大小为 110mil×250mil 的矩形，如图 5-6 所示。

（5）执行"放置"→"引脚"命令，放置元器件各引脚，"引脚属性"对话框如图 5-7 所示。STC89C51 元器件引脚属性具体内容可参照表 5-1。

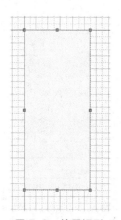

图 5-6　放置矩形

图 5-7　"引脚属性"对话框

表 5-1　STC89C51 引脚属性内容

引脚	引脚电气类型
9、10、19、31	Input
11、18、29、30	Output
VCC、VSS	Power
其余引脚	IO

提示 引脚 13 的"引脚属性"对话框设置如图 5-8 所示，用"I\N\T\1\"代表 $\overline{\text{INT1}}$ 引脚名。

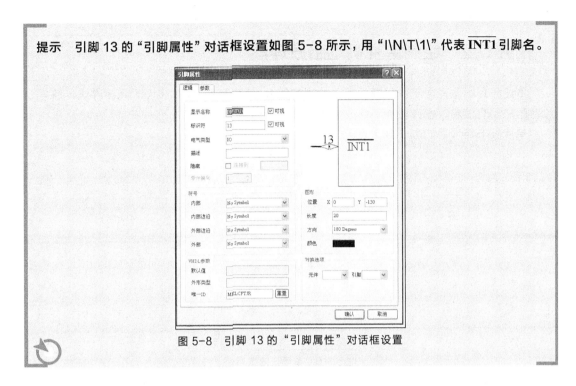

图 5-8 引脚 13 的"引脚属性"对话框设置

（6）双击元器件名 STC89C51，打开"Library Component Properties"对话框，在"Default Designator"文本框处输入"U？"；在"Default Comment"下拉列表框中选择"STC89C51"选项，STC89C51 元器件属性设置如图 5-9 所示。

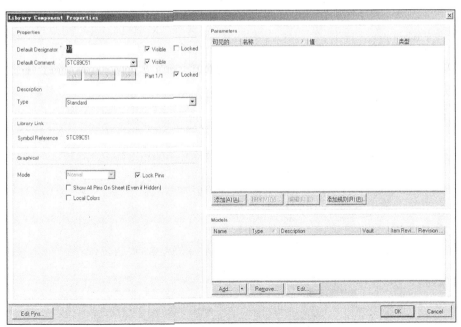

图 5-9 STC89C51 元器件属性设置

（7）单击工具栏上的"保存"按钮 ，保存自制的 STC89C51 原理图符号。

任务 5.2 绘制单片机电路原理图

本任务介绍原理图工作环境设置、绘制各部分电路原理图具体步骤、元器件统一编号、放置附加说明信息、编译检测和修改电路原理图等内容。

单片机电路项目如图 5-10 所示。

图 5-10 单片机电路项目

5.2.1 原理图工作环境设置

微课 5-2

1. 图纸环境、标题栏参数设置

执行"设计"→"文档选项"命令，打开"文档选项"对话框，如图 5-11 所示。在"文档选项"对话框的"方块电路选项"选项卡中，将"标准风格"设定为"A4"，"捕捉"和"可见的"的栅格设为"10"，"栅格范围"设为 4；"参数"选项卡的设置如图 5-12 所示，将"DrawnBy"参数值设为自己名字，"Title"参数值设为"单片机电路"，"SheetNumber"参数值设为"1"，"SheetTotal"参数值设为"1"，标题栏设置如图 5-13 所示。

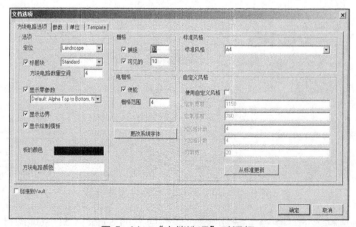

图 5-11 "文档选项"对话框

图 5-12　"参数"选项卡设置

图 5-13　标题栏设置

2. 图纸的划分

根据单片机电路工作原理，按电路功能将该电路划分为 5 大模块：电源电路部分、下载电路部分、控制电路部分、按钮矩阵电路部分和显示电路部分。执行"放置"→"绘图工具"→"线"命令，或单击工具栏中的"直线"按钮，用直线将图纸划分为 5 个区域，如图 5-14 所示。

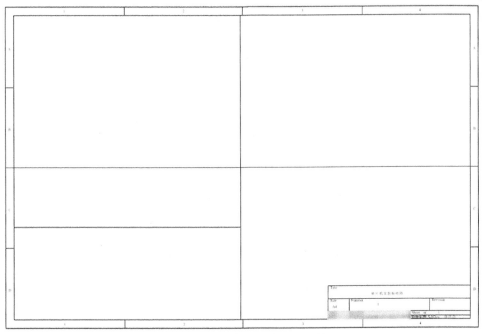

图 5-14　将图纸划分为 5 个区域

5.2.2　绘制各部分电路原理图

1. 绘制显示电路原理图

（1）显示电路原理图部分的关键元器件为四位一体七段数码管 HDSP-B03E。展开"SCH Library"面板，加载"Agilent LED Display 7-Segment, 4-Digit.IntLib"集成元器件库，从中找到 HDSP-B03E 元器件，在图纸左上部分放置一个 HDSP-B03E 元器件。

微课 5-3

（2）在元器件库"Miscellaneous Devices. IntLib"中取出 LED、Res2、PNP 等元器件，放置位置如图 5-15 所示。

（3）双击"LED？""R？""Q？"元器件符号，打开其属性对话框，将阻值改为"0.33kΩ"，取消选中元器件属性对话框中"Comment"下拉列表框后方的"Visible"复选框（元器件编号不设置）。

（4）按住"Shift"键，单击元器件"LED？"与"R？"，同时选中这两个元器件后，单击工具栏中的"复制"按钮，复制后，再单击按钮，在图纸合适位置粘贴 7 对元器件。

（5）用上述方法将"R？""Q？"再粘贴 3 对，放置完所有的元器件后如图 5-16 所示。

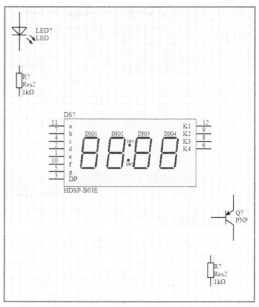

图 5-15　放置位置

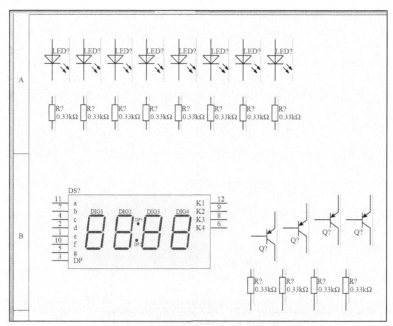

图 5-16　放置完所有的元器件

（6）单击"布线"工具栏上的"导线"按钮 ≋、"电源"按钮 ^{VCC}，放置相关导线、电源，如图 5-17 所示。

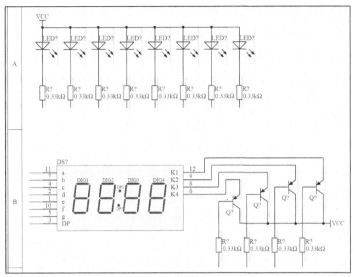

图 5-17　放置相关导线、电源

（7）单击"布线"工具栏上的"总线入口"按钮 和"总线"按钮 ，放置总线入口和总线。单击"布线"工具栏上的"端口"按钮 ，在总线最右端放置一个端口，"端口属性"对话框的设置如图 5-18 所示。

（8）单击"布线"工具栏上的"网络标签"按钮 ，在"网络标签"对话框中填入连续网络标签的起始标签号，"网络标签"对话框如图 5-19 所示。依次单击鼠标左键在电路图中放置网络标签。

（9）最终绘制的显示电路原理图如图 5-20 所示。

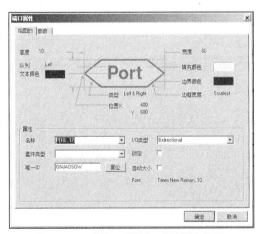

图 5-18　"端口属性"对话框的设置

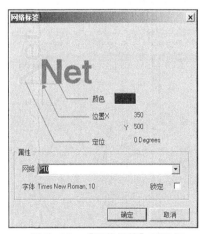

图 5-19　"网络标签"对话框

提示　放置网络标签时要及时修改第一个网络标签的网络名称，这样后续放置的网络标签的名称会自动递增，可以有效地提高绘图的速度。

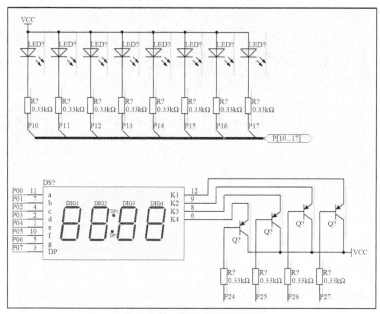

图 5-20　显示电路原理图

2．绘制控制电路原理图

（1）控制电路原理图部分的关键元器件是控制芯片 STC89C51，该元器件是自制元器件。展开工作区右侧的"SCH Library"面板，将当前元器件库文件改为"mySchlib.SchLib"，单击"Place STC89C51"按钮，在图纸右上部分放置一个 STC89C51 元器件。

（2）在元器件库"Miscellaneous Devices.IntLib"中分别取出 Cap、Cap Pol1、Res2、PNP、XTAL、SW-PB、Speaker 几种元器件放置在图纸中，并修改元器件相关属性，如图 5-21 和图 5-22 所示（元器件编号不设置）。

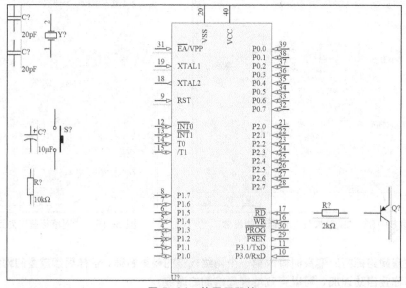

图 5-21　放置元器件

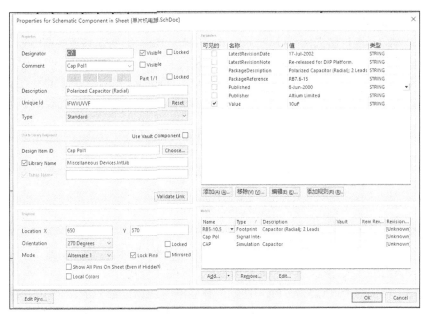

图 5-22　修改元器件相关属性

（3）单击"布线"工具栏上的"导线"按钮 置放置导线，单击"网络标签"按钮 在导线上放置相关的网络标签，单击"电源"按钮 和"地"按钮 在图纸中放置电源和地。

（4）单击"布线"工具栏上的"总线入口"按钮 和"总线"按钮 连接 P0、P1、P2 口，并在 P1 口总线上放置端口 P[10...17]（其属性设置同图 5-18），在 P0、P2 口总线上放置相应的网格标签 P[00...07]、P[20...27]。

绘制的控制电路原理图如图 5-23 所示。

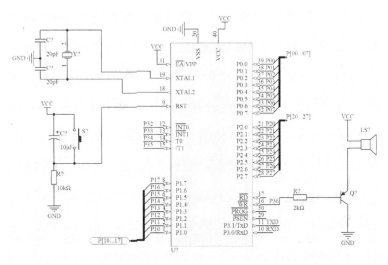

图 5-23　控制电路原理图

提示　端口 P[10...17]、网格标签 P[00...07]、网格标签 P[20...27]格式为：名称 [起始序号... 结束序号]。

3．绘制电源电路原理图

（1）加载集成元器件库文件"AMP Serial Bus USB.IntLib"，并从该库中取出一个"1364425
－1"USB 接口元器件放置在图纸中左边第二个区域中。

（2）该部分电路中余下元器件均取自库文件"Miscellaneous Devices.IntLib"，注意其中元器
件"SW DPDT"需要按"Y"键进行垂直镜像，绘制的电源电路原理图如图 5-24 所示。

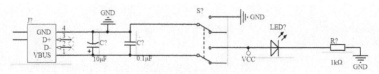

图 5-24　电源电路原理图

4．绘制下载电路原理图

（1）执行"工具"→"发现器件"命令，打开"搜索库"对话框，如图 5-25 所示。输入
查找条件"MAX232*"，搜索路径为库文件路径，单击"查找"按钮，找到"MAX232ACPE"
元器件，单击"Place MAX232ACPE"按钮，在图纸左侧第三部分放置一个 MAX232ACPE
元器件符号（该元器件在"Maxim\Maxim Communication Transceiver.IntLib"中）。

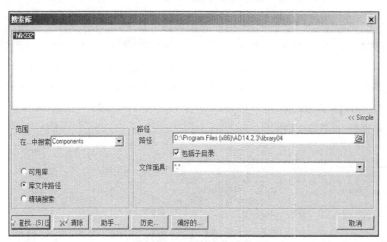

微课 5-4

图 5-25　"搜索库"对话框

（2）将当前元器件库文件改为"Miscellaneous Connectors.IntLib"，从中取出元器件
"D Connector 9"，也将其放置在图纸左侧第三部分中。电路中需要的电容在库文件
"Miscellaneous Devices.IntLib"中。

> **提示**　①　放置元器件时，系统的汉字输入法应关闭。
> 　　　　②　当元器件 D Connector 9 符号随鼠标移动时，按"Space"键调整为 90°方向，
> 　　　　　　并按"Y"键使该元器件上、下镜像后放置在电路图中。

（3）单击"布线"工具栏上的"导线"按钮 放置导线，单击"网络标签"按钮 在导
线上放置相关网络标签，单击"电源"按钮 和"地"按钮 放置电源和地。绘制的下载电
路原理图如图 5-26 所示。

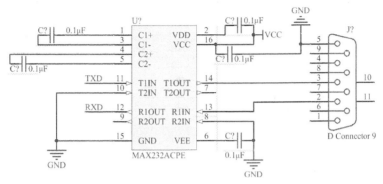

图 5-26 下载电路原理图

5．绘制按钮矩阵电路原理图

（1）在库文件"Miscellaneous Devices.IntLib"中找到元器件"SW-PB"，并在图纸右侧下半部分放置 16 个 SW-PB 开关。

（2）选中需要排列的开关，利用图 5-27 所示的"排列工具"，将 20 个 SW-PB 开关按图 5-28 所示排列，并取消选中所有开关元器件属性中"Part Comment"项的"Visible"复选框。

图 5-27 "排列工具"

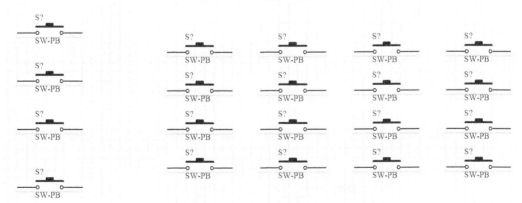

图 5-28 开关排列

（3）单击"导线"按钮放置导线，单击"网络标签"按钮在导线上放置相关网络标签。绘制的按钮矩阵电路原理图如图 5-29 所示。

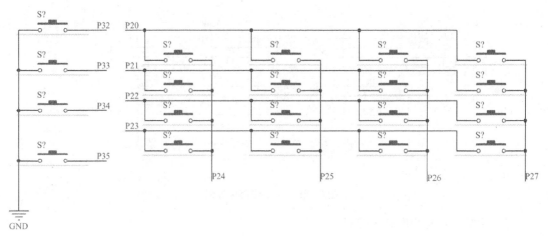

图 5-29　按钮矩阵电路原理图

5.2.3　电路原理图元器件统一编号

微课 5-5

（1）执行"工具"→"注解"命令，打开"注释"对话框，如图 5-30 所示，采用默认设置，然后关闭"注释"对话框。

（2）执行"工具"→"标注所有器件"命令，打开"Confirm Designator Changes"对话框，如图 5-31 所示，单击"Yes"按钮，执行对本电路图纸中全部元器件的统一编号工作。

绘制的单片机电路原理图如图 5-32 所示。

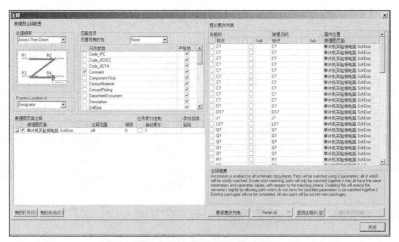

图 5-30　"注释"对话框

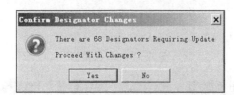

图 5-31　"Confirm Designator Changes"对话框

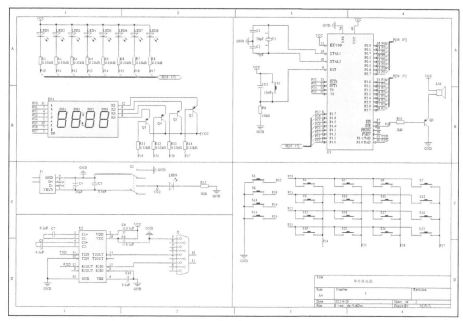

图 5-32　单片机电路原理图

> **提示**　① 元器件统一编号时的方法不同，电路图中元器件号码也会有所不同。
> ② 同一电路原理图执行元器件统一编号功能后，元器件号码不同是正常的（元器件位置会影响编码）。

5.2.4　电路原理图中放置附加说明信息

（1）执行"放置"→"文本字符串"命令，按"Tab"键打开"标注"对话框，如图 5-33 所示，设置"文本"下拉列表框的内容，单击"Times New Roman,10"按钮，按照图 5-34 所示设置文本字号。

图 5-33　"标注"对话框

图 5-34　设置文本字号

（2）依照上述方法，放置各个部分电路的名称。

（3）执行"放置"→"文本字符串"命令，在 DB1 元器件符号旁边放置"针状"注释。

5.2.5　编译检测、修改电路原理图

（1）执行"工程"→"Compile Document 单片机电路.SchDoc"命令，系统自动对该电路进行电气规则检测，并将检测结果放在"Messages"工作面板中，初始检测结果如图 5-35

所示，有两个"Error"错误信息。由于该电路中 USB1 元器件只为单片机电路提供一个+5V 主机
电源，不使用其数据输入端，所以应在其 D+、D-处各放置一个"忽略 ERC 检查指示符"⊠。

图 5-35　初始检测结果

（2）依次分析"Messages"工作面板中每项信息内容，注意"has no driving source"警
告信息一般针对元器件输入引脚，可直接放置"忽略 ERC 检查指示符"⊠。另外，有时多个
警告信息实际上是由一个问题引起的，所以解决明显问题后可以再次进行电气规则检测工作。
该电路图中还需要在 U1 的 19 脚、U2 的 13 脚放置"忽略 ERC 检查指示符"⊠。

（3）执行"文件"→"保存"命令，再执行"工程"→"Compile Document 单片机电路.SchDoc"
命令，最终检测结果如图 5-36 所示。最后绘制好的整张单片机电路原理图如图 5-37 所示。

图 5-36　最终检测结果

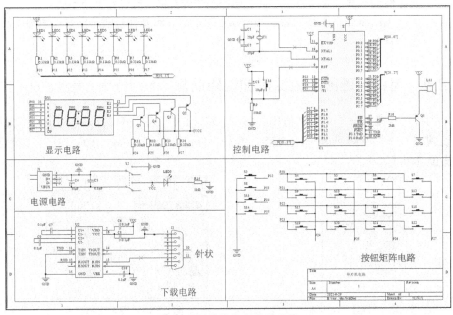

图 5-37　单片机电路原理图

任务 5.3　自制 PCB 元器件封装类型

微课 5-6

本任务目标有 3 个：一是自制按键开关封装类型，如图 5-38 所示，焊盘
孔（内）径为 32mil，焊盘外径为 70mil×70mil；二是自制自锁开关封装类型，

如图 5-39 所示，焊盘孔（内）径为 32mil，焊盘外径为 60mil×60mil；三是自制 DB9/M 封装类型，如图 5-40 所示。

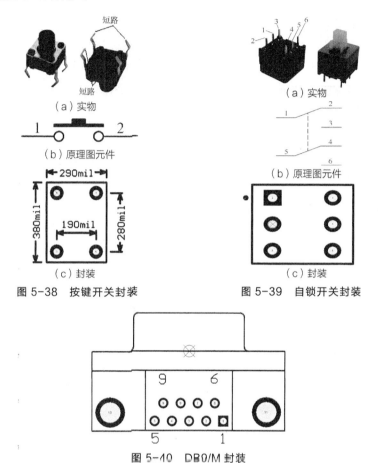

图 5-38　按键开关封装　　　　图 5-39　自锁开关封装

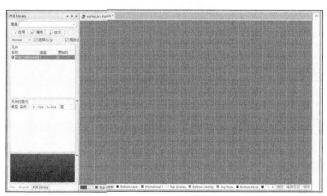

图 5-40　DB9/M 封装

提示　内径一般取引脚实测大小的 1.7 倍，外径一般取内径的 2 倍。

单击单片机电路项目中"myPcbLib.PcbLib"文件名，进入封装类型编辑器，如图 5-41 所示。

图 5-41　封装类型编辑器

5.3.1 设置封装类型编辑器环境参数

1. 设置库选择项参数

右击封装类型编辑区，弹出快捷菜单，执行"捕捉栅格"→"栅格属性"命令，打开"Cartesian Grid Editor"对话框，如图 5-42 所示，将步进值设为"10mil"，其他内容不变。

图 5-42 "Cartesian Grid Editor"对话框

2. 设置层次颜色参数

执行"工具"→"层次颜色"命令，打开"视图配置"对话框，按图 5-43 所示进行相关设置。

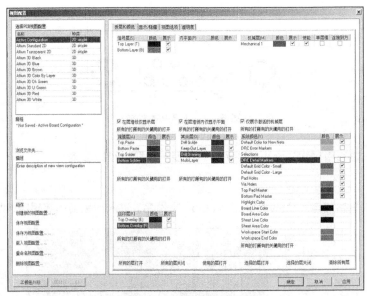

图 5-43 "视图配置"对话框

5.3.2 手工制作按键开关的封装类型

1. 新建封装类型

（1）新建一个元器件封装类型。在"PCB Library"工作面板的名称区右击，执行弹出快捷菜单中的"新建空白元器件"命令。

（2）封装重命名。双击新封装类型名称，打开"PCB库元件"对话框，将其封装类型名改为"BUTTON"，如图5-44所示。

图 5-44 "PCB 库元件"对话框

2. 放置焊盘

（1）执行"放置"→"焊盘"命令，或单击"配线"工具栏中的"焊盘"按钮，放置焊盘。按"Tab"键，打开"焊盘"对话框，如图5-45所示，修改焊盘外径为"70mil×70mil"、孔径为"32mil"。

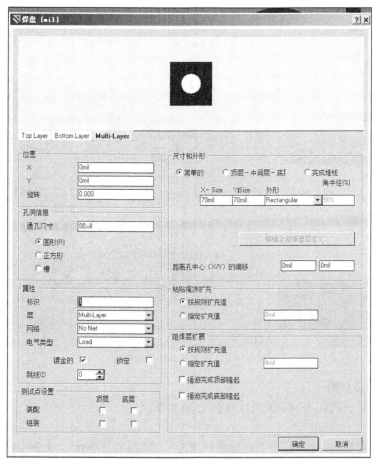

图 5-45 "焊盘"对话框

（2）执行"编辑"→"设置参考"→"1脚"命令，设置1号焊盘为坐标原点。依次放置并修改另外3个焊盘的属性，焊盘间距为"190mil×280mil"，焊盘放置完成如图5-46所示。

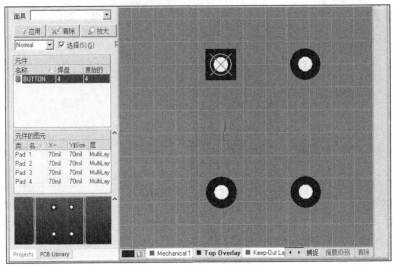

图 5-46　焊盘放置完成

3. 绘制轮廓线

按"+""-"键将工作层切换到"Top Overlay"，执行"放置"→"走线"命令，依次绘制 4 条轮廓线段，轮廓大小为 290mil×380mil，按键开关的封装类型如图 5-47 所示。

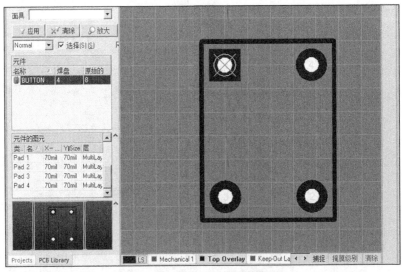

图 5-47　按键开关的封装类型

4. 保存封装类型

单击"保存"按钮🖫，保存 BUTTON 封装类型。

提示　① 外轮廓矩形的 4 个顶点坐标分别为（−50mil，50mil）、（240mil，50mil）、
　　　　（240mil，−330mil）和（−50mil，−330mil）。
　　　② 为了使用方便，我们将 1 脚和 2 脚放置在对角线上。

5.3.3 以系统自带封装类型为基础制作自锁开关的封装类型 ══════

1. 新建封装类型

新建一个名为"SWITCH"的元器件封装类型。

2. 寻找系统自带元器件封装库

（1）执行"文件"→"打开"命令，抽取元器件库"Miscellaneous Devices.LibPkg"，如图 5-48 所示。

图 5-48　抽取元器件库"Miscellaneous Devices.IntLib"

（2）双击"Miscellaneous Devices.PcbLib"文件名打开该库文件。

（3）单击"PCB Library"工作面板，在名称区找到"DPDT-6"，DPDT-6 封装类型如图 5-49 所示。

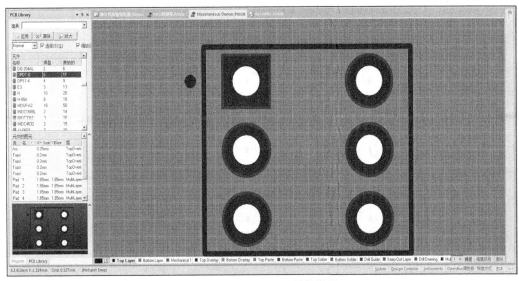

图 5-49　DPDT-6 封装类型

3. 复制粘贴封装类型

（1）按住鼠标左键拖出一个矩形，选中 DPDT-6 封装类型的所有元素。

（2）执行"编辑"→"复制"命令，或单击"复制"按钮 🔲 ，以 1 脚作为复制参考点，单击完成复制。

（3）在"Projects"工作面板中，打开"myPcbLib.PcbLib"中的 SWITCH 封装，单击"粘贴"按钮 🔲 ，将 DPDT-6 封装类型粘贴到工作区，如图 5-50 所示。

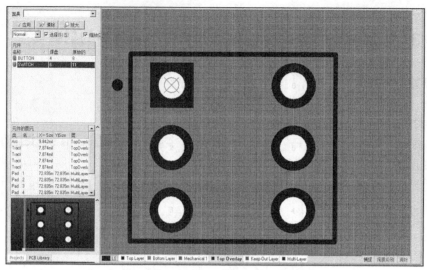

图 5-50　粘贴 DPDT-6 封装类型到工作区

（4）修改封装相关参数。

参照图 5-39，需对图 5-50 中焊盘的尺寸、标识符进行修改。如右击图 5-50 中的 1 号焊盘，打开其属性对话框，将原来的 1 号焊盘标识改为 2 号，其参数值设置如图 5-51 所示，请修改完所有的焊盘参数。

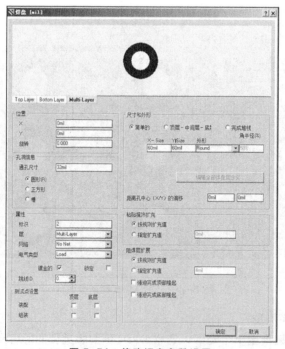

图 5-51　修改焊盘参数设置

> **提示**　将所有焊盘的内径设定为"32mil"，外径设定为"60mil"。

4．设定参考原点并保存

执行"编辑"→"设置参考"→"1 脚"命令，将 1 脚设定为参考原点。SWITCH 封装类型如图 5-52 所示。单击"保存"按钮 🖫，保存 SWITCH 封装类型。

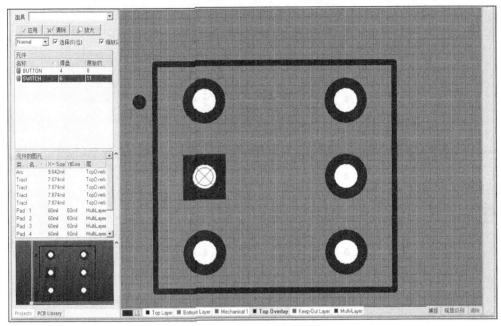

图 5-52　SWITCH 封装类型

5.3.4　以系统自带封装类型为基础制作 DB9/M 封装类型

（1）在"myPcbLib.PcbLib"中新建一个名为"DB9/M"的元器件封装类型。

（2）执行"文件"→"打开"命令，抽取元器件库"Miscellaneous Connectors.LibPkg"，如图 5-53 所示。

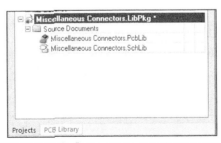

图 5-53　抽取元器件库"Miscellaneous Connectors.LibPkg"

（3）打开"Miscellaneous Connectors.PcbLib"库文件，找到 DSUB1.385-2H9 封装类型，并复制该封装类型。

（4）将 DSUB1.385-2H9 封装类型粘贴到"myPcbLib.PcbLib"的 DB9/M 工作区，同时修改引脚序号，绘制好的 DB9/M 封装类型如图 5-54 所示。

至此，自制元器件封装库"myPcbLib.PcbLib"中已有 3 个自制元器件封装类型。

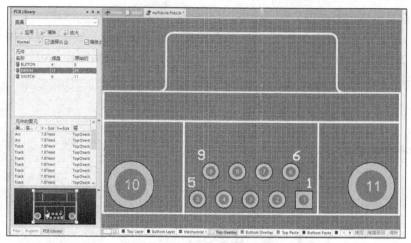

图 5-54　DB9/M 封装类型

任务 5.4　单片机电路双面 PCB 设计

微课 5-7

本次任务是介绍单片机电路双面 PCB 的设计过程等。

设计单片机双面 PCB，其技术指标要求如下。

（1）双面板，PCB 尺寸为 5500mil×3300mil，禁止布线区与 PCB 边缘的距离为 200mil。

（2）采用插针式元器件。

（3）焊盘之间允许走一根铜膜导线，最小间距为 10mil。

（4）最小铜膜导线宽度为 20mil，电源的铜膜导线宽度为 40mil，导线拐角为 45°。

（5）对 PCB 进行设计规则检测，并进行相关的后期优化处理。

（6）放置 4 个安装孔，孔径大小为 120mil（约 3mm）。

1．规划 PCB

（1）打开"单片机电路.PrjPcb"项目。

（2）可以采用向导或人工方法规划 5500mil×3300mil 的双面 PCB 外形，且将它保存到"单片机电路.PrjPcb"项目中。

2．调用自建 PCB 封装库"myPcbLib.PcbLib"

（1）执行"设计"→"浏览器件"命令，打开"PCB Library"工作面板。

（2）单击"PCB Library"工作面板上的 Libraries... 按钮，将自建的"myPcbLib.PcbLib"封装库安装到可用元器件库列表中，如图 5-55 所示。

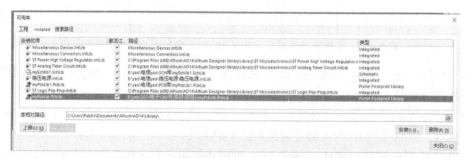

图 5-55　安装"myPcbLib.PcbLib"封装库

3. 检查、更改或添加单片机原理图中各元器件的封装类型

在原理图文件中，从左到右、从上到下依次双击元器件检查电路原理图中所有元器件封装类型。如图 5-56 所示，每个元器件属性对话框中的"Models"区域一定要有"Footprint"栏且"Name"处有封装名称，单击 Edit.. 按钮能看见具体封装类型。该原理图中有以下几种元器件的封装类型需要调整。

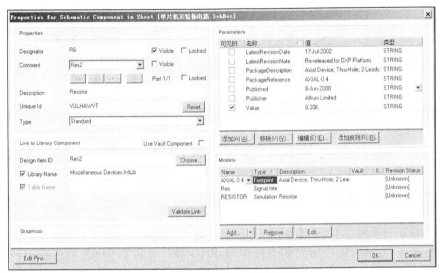

图 5-56　元器件属性对话框

（1）所有发光二极管的封装类型改为 PIN2。右击任一发光二极管，执行"查找相似对象"命令，打开"发现相似目标"对话框，如图 5-57 所示。按图 5-57 设置，找出当前文档中封装类型为 LED-0 的所有元器件，并将"Current Footprint"栏中的内容改为"PIN2"，如图 5-58 所示（请参阅"技能链接六"操作）。

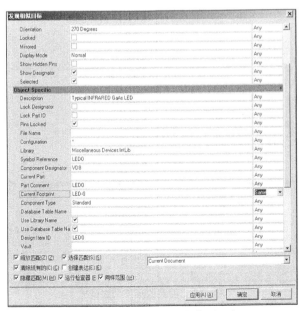

图 5-57　"发现相似目标"对话框

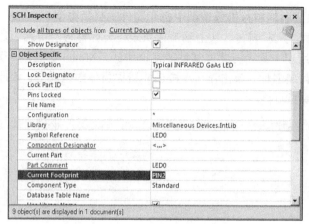

图 5-58　修改"Current Footprint"栏

（2）电路中自锁开关 S2 的封装类型改为自制封装类型 SWITCH。

（3）电路中针状数据口 J2 封装类型改为自制封装类型 DB9/M。

（4）电路中 U1 集成块 STC89C51 的封装类型改为 DIP40。

（5）用批量修改，即通过"查找相似对象"的方法将电路中开关 S1、S3、…、S22 的封装类型改为自制封装类型 BUTTON。

（6）电路中 0.1μF 的电容封装类型改为 RAD0.1，电路中 10μF 的电容封装类型改为 RB5-10.5。

（7）电路中蜂鸣器的封装类型改为 RB7.6-15。

（8）保存更改后的电路原理图文件。

4．装载网络表

（1）在 PCB 环境中，执行"设计"→"Import Changes From 单片机电路.PrjPcb"命令，打开"工程更改顺序"对话框，如图 5-59（a）所示。

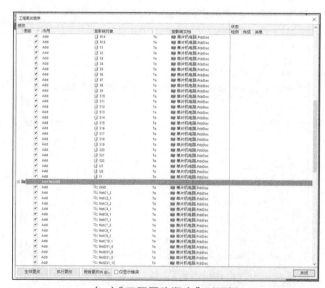

（a）"工程更改顺序"对话框

图 5-59　"工程更改顺序"对话框及载入情况

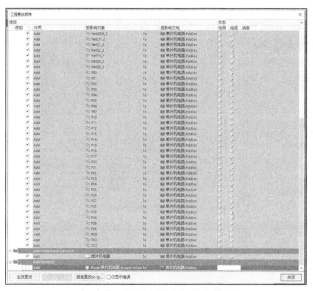

（b）"工程更改顺序"载入情况

图 5-59 "工程更改顺序"对话框及载入情况（续）

（2）单击"生效更改""执行更改"按钮，将原理图中的电气对象、网络关系等电连接信息载入到 PCB 环境中，如图 5-59（b）所示，"检测"和"完成"列都为 ✅，说明载入时没有任何错误（若有 ❌ 则应该根据提示修改原理图中的相关内容），关闭该对话框后查看载入结果，如图 5-60 所示。

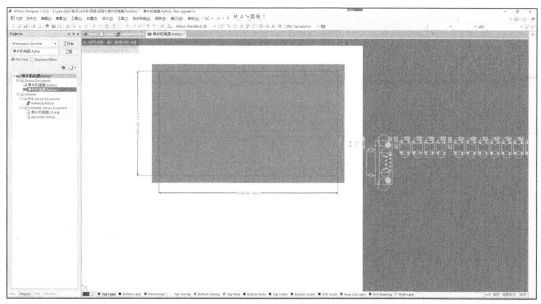

图 5-60 载入结果

5. PCB 环境设置

执行"设计"→"板层颜色"命令，按图 5-61 所示设置打开的"视图配置"对话框。

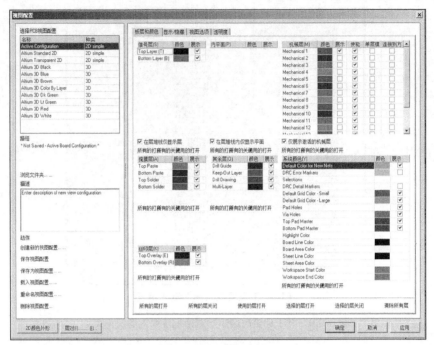

图 5-61　设置"视图配置"对话框

6. PCB 元器件布局

（1）根据布局原则手工布局，调整元器件位置后如图 5-62 所示。

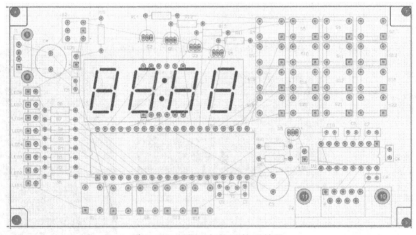

图 5-62　手工布局调整后结果

（2）执行"放置"→"字符串"命令，在"Top Overlay"顶层丝印层上放置姓名字符串。

（3）批量修改元器件属性，调整 PCB 图中字符高度（由原来的 60mil 改为 35mil），并调整所有字符的位置。

7. PCB 布线规则设置及自动布线

（1）执行"设计"→"规则"命令，打开"PCB 规则及约束编辑器"对话框，设置如下："Width"规则中将线宽设置为"40mil"；"Manufacturing"规则中将"Silk To Silk Clearance""Silk To Solder Mask Clearance""Minimum Solder Mask Clearance"均设置成"2mil"，布

线规则设置如图 5-63 所示。

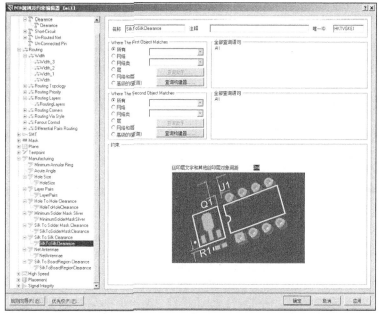

图 5-63　布线规则设置

（2）执行"自动布线"→"全部"命令，打开"Situs 布线策略"对话框，设置如图 5-64 所示。单击 Route All 按钮开始自动布线，布线完成后的信息栏如图 5-65 所示，最后一栏信息中出现两个"0"说明电路中网络全部布通。撤销 GND 网络的布线，布线后的 PCB图如图 5-66 所示。

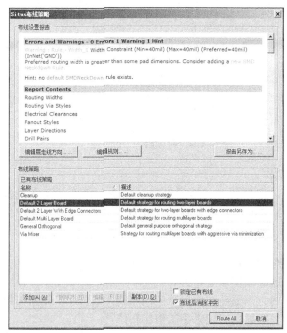

微课 5-8

图 5-64　"Situs 布线策略"对话框设置

提示　图 5-62 中的布局发生变化，布线结果就会不同。

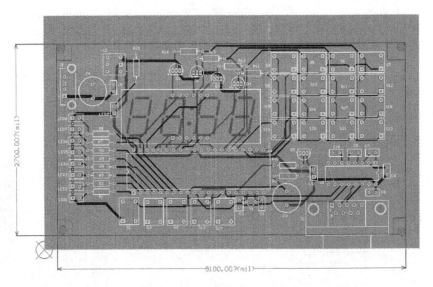

图 5-65　布线完成后的信息栏

图 5-66　布线后的 PCB 图

8．PCB 布线后的优化

（1）线的优化。执行"设计"→"板层颜色"命令，打开"视图配置"对话框，设置显示顶层、底层布线图，查看是否有布线需要手工重新布置。本次 PCB 两个板层布线均不需要手工修改优化，如图 5-67、图 5-68 所示。

提示　手工优化布线的原则如下。
① 重叠导线，需删除重新手工布线。
② 绕行较远的导线，需重新布局后再自动布线，或再手工重新布线。
③ 同层导线转弯处有锐角出现需手工重新布线。

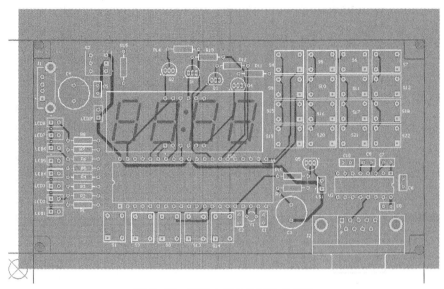

图 5-67　顶层布线优化后的效果图

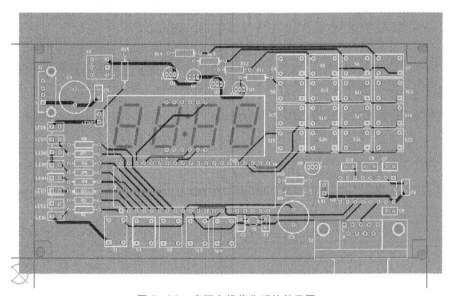

图 5-68　底层布线优化后的效果图

（2）泪滴优化。执行"工具"→"泪滴"命令，对 PCB 中所有焊盘、过孔添加圆弧形泪滴。

（3）放置安装孔。执行"放置"→"焊盘"命令，在 PCB 4 个角上放 4 个孔径为 120mil 的安装孔，并在"Keep-Out layer"层用直线将它们围起来。

（4）设计规则检测。执行"工具"→"设计规则检测"命令，打开"设计规则检测"对话框，如图 5-69 所示，单击 运行DRC(R)(R) 按钮，设计规则检测结果如图 5-70 所示，出现了 GND 网络、J1 元器件、PCB 4 个安装孔有错误的提示，这里不用理会（注意：若同学们在放置 4 个安装孔之前执行设计规则检测，则图 5-70 中只会出现 J1 元器件有两条错误的提示）。

图 5-69　"设计规则检测"对话框

图 5-70　设计规则检测结果

（5）PCB 大面积覆铜优化。执行"放置"→"多边形覆铜"命令，分别在顶层和底层进行多边形覆铜，底层覆铜设置如图 5-71 所示。

 提示　大面积覆铜时，GND 网络要接到覆铜上。

微课 5-9

图 5-71　底层覆铜设置

9. 保存与制板

保存 PCB 相关文件后将设计好的印制电路板文件"单片机电路.PcbDoc"发给制板厂家，通常一个星期左右就可以拿到电路板实物了。

任务 5.5　创建单片机电路项目的集成元器件库

本任务主要介绍从 PCB 更新原理图、生成工程集成元器件库、调用工程的集成元器件库等。

1. 从 PCB 更新原理图

打开单片机电路 PCB 图，执行"设计"→"Update Schematics In 单片机电路.PrjPcb"命令，打开"Comparator Results"对话框，如图 5-72 所示，提示 PCB 文件与对应原理图文件之间有不同，单击 Yes 按钮，打开"工程更改顺序"对话框，如图 5-73 所示，依次单击"生效更改"和"执行更改"按钮完成从 PCB 图到电路原理图的更新工作。

图 5-72　"Comparator Results"对话框

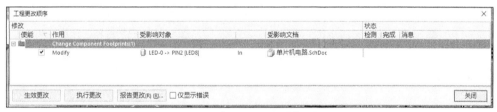

图 5-73　"工程更改顺序"对话框

> 提示　在电路原理图环境中，执行"设计"→"Update PCB Document 单片机电路.PcbDoc"完成从电路原理图到 PCB 图的更新工作。

2. 生成工程集成元器件库

在生成集成元器件库之前，一定要注意电路原理图与 PCB 图的联动，确保每个元器件相关信息在电路原理图环境和在 PCB 图环境中的属性参数是一致的，在两种环境中均可产生集成元器件库文件。在单片机电路原理图环境中，执行"设计"→"生成集成库"命令，打开"复制的元件"对话框，如图 5-74 所示，单击"确定"按钮，创建"单片机电路.IntLib"集成元器件库，如图 5-75所示。请注意保存！

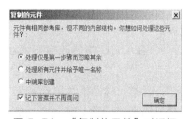

图 5-74　"复制的元件"对话框

3. 调用工程的集成元器件库

执行"设计"→"浏览库"命令，打开"库..."工作面板，系统已经加载该集成元器件库，如图 5-76 所示。在当前可用元器件库名称中已经有"单片机电路.IntLib"。该集成元器件库中含有单片机电路项目制图所需要的所有原理图符号和相对应的封装类型。有了这个集成元器件库后，工程交流将更方便，增强了工程项目的可移植性。

图 5-75　创建集成元器件库

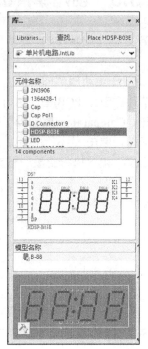

图 5-76　已加载集成元器件库

学生悟道

如何加宽大面积覆铜与 VCC 网络布线的间距以防短路？

技能链接六　巧用软件批量修改功能

在"单片机电路.PrjPcb"工程中，我们多次用到了"查找相似对象"的功能。对于这种复杂工作项目，同种电气对象很多，编辑时需要修改的内容也很多，一个一个地修改显然太费时费力，批量修改功能能够很好地提高设计工作效率。下面介绍批量修改功能应用的两种情况。

1．在 PCB 中修改字符大小

（1）寻找共同之处。布线后会发现很多字符太大、字符叠放等问题，不利于 PCB 的实际制作，因此，我们设计时需要对字符进行相关处理。双击 PCB 图中多个字符，发现这些字符尽管具体文本内容、放置坐标位置不同，但字符高、宽值是一样的。"标识"对话框如图 5-77 所示，显示了该 PCB 图上所有字符的共同点。

（2）统一修改字符。右击 PCB 图中任一字符，执行"查找相似对象"命令，将"Text Height"值为"60mil"的所有字符找出来，选定查找条件如图 5-78 所示，单击"确定"按钮，所有高度为 60mil 的字符在图纸中高亮显示，同时打开"PCB Inspector"对话框，如图 5-79 所示。在该对话框中将"Text Height"值由"60mil"改为"40mil"，按"Enter"键关闭对话框后，PCB 图中所有字符均变小。

图 5-77　"标识"对话框

图 5-78　选定查找条件

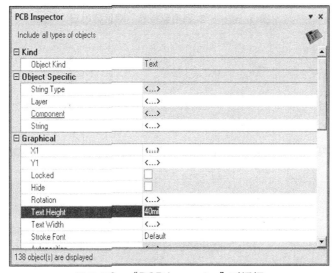

图 5-79　"PCB Inspector"对话框

2. 在 SCH 中修改开关的封装类型

（1）寻找共同之处。在设计电路原理图时，这些开关均取自同一元器件库中同一种元器件 SW-PB，即它们库中参考名称是一样的。

（2）统一修改开关的封装类型。右击电路原理图中任一开关元器件，执行"查找相似对象"命令，在打开的"发现相似目标"对话框中将"Symbol Reference"项改为"Same"，如图 5-80 所示，按"确定"按钮后图纸中有 21 个开关高亮显示，如图 5-81 所示，同时出现"SCH Inspector"对话框，在该对话框的"Current Footprint"栏填写上自制封装类型名"BUTTON"。按"Enter"键关闭对话框后，单击 清除 按钮即可消除高亮显示。

图 5-80 "发现相似目标"对话框设置

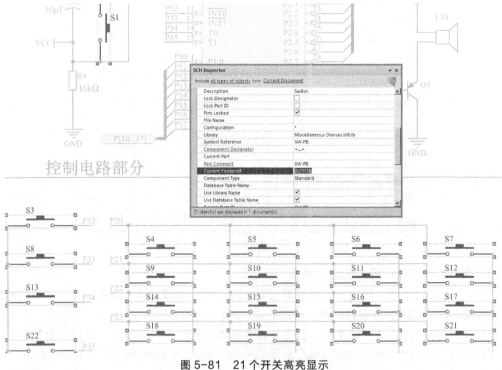

图 5-81 21 个开关高亮显示

（3）检查更新结果。双击电路原理图任一开关，在其属性对话框中的"Footprint"栏封装类型名称栏已改为"BUTTON"自制封装类型，封装类型更新结果如图 5-82 所示。

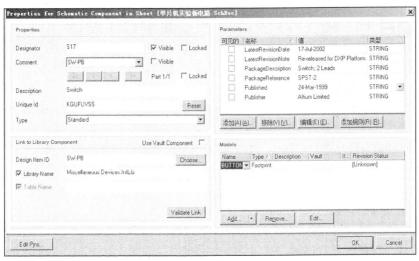

图 5-82　封装类型更新结果

实战项目九　八路智力抢答器双面 PCB 设计

八路智力抢答器电路原理图如图 5-83 所示,请将其设计成双面 PCB,技术指标要求如下。

(1)双面板,PCB 尺寸为 4000mil×3600mil,禁止布线区与 PCB 边缘的距离为 200mil。

(2)最小间距为 10mil。

(3)最小铜膜导线宽度为 30mil,电源的铜膜导线宽度为 50mil,导线拐角为 45°。

(4)对 PCB 进行相关优化处理。

(5)对 PCB 进行设计规则检测。

(6)在 4 角放置 4 个安装孔,孔径为 120mil,并对设计的 PCB 进行大面积覆铜处理。

(7)生成工程集成元器件库。

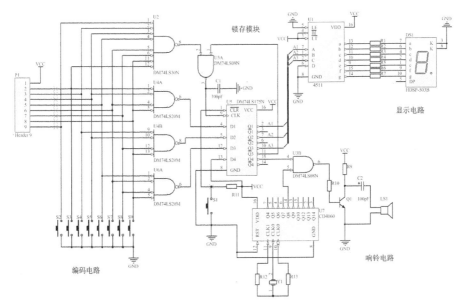

图 5-83　八路智力抢答器电路原理图

实战项目十 PLD 在线编辑器双面 PCB 设计

PLD 在线编辑器电路原理图如图 5-84 所示，请将其设计成双面 PCB，技术指标要求如下。

（1）双面板，PCB 尺寸为 4000mil×2500mil，禁止布线区与 PCB 边缘的距离为 200mil。

（2）最小间距为 12mil。

（3）最小铜膜导线宽度为 15mil，220V 交流电及整流部分导线宽度为 60mil，电源（VCC）铜膜导线宽度为 40mil，导线拐角为 45°。

（4）对 PCB 进行相关优化处理。

（5）放置安装孔，孔径为 120mil。

（6）对 PCB 进行设计规则检测。

（7）生成工程集成元器件库。

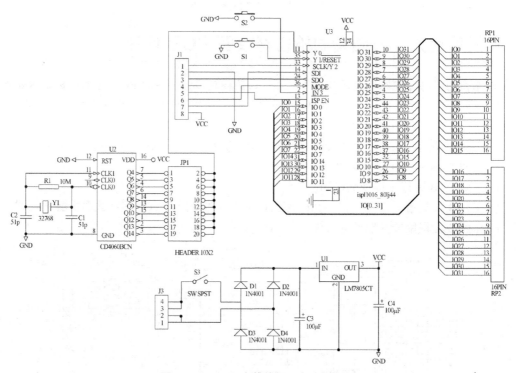

图 5-84 PLD 在线编辑器电路原理图

项目6
设计单片机电路四层PCB

岗位素养

- 具备团队分工合作、共赢发展的思想。
- 具备模块化设计思维。
- 掌握 PCB 项目层次设计方法。

项目导读

本项目将采用自顶向下的层次电路图的设计方法，将单片机电路原理图 5 大功能模块：电源电路、下载电路、控制电路、按钮矩阵电路、显示电路分别用 1 张图纸绘制，项目管理图用 1 张图纸绘制。该项目共有 6 张图纸，6 张图纸构成上、下两层关系。单片机层次电路设计可以利用项目 5 已设计好的电路图简化设计工作。

单片机电路四层 PCB 设计所需电路原理图可以用单片机电路单张电路原理图，也可以用单片机层次电路 6 张电路原理图，本项目采用后者。

重难点内容

- PCB 项目模块的划分。
- 顶层管理图的设计。
- 多张图纸层次关系的建立。
- 子图的产生及设计。

相关知识

（一）原理图模块化设计

比较简单的电路原理图在设计时可以将整个项目的电路原理图绘制在一张图纸上，这种设计思想适用于规模小、逻辑结构简单的电路设计。当项目或电路原理图比较复杂时，一般采用模块化设计方法。这种方法是将一个大电路项目按照其电路功能分解成若干小的模块，每个模块均能够独立地完成一定电路功能，具有相对独立性，模块之间或是平等关系，或是包含与被包含关系，设计工作可以由不同设计者、在不同地点、设计在不同图纸上，最后由项目管理图将各模块组成一个有机项目整体。模块化设计的最大特点是项目电路图之间结构清晰、层次分明，既培养了一个专业设计团队，同时也提高了电子产品整机设计速度，可以突出个人在某一方面的设计特长，增强新产品竞争力。

（二）自顶向下的层次电路图设计

自顶向下的层次电路图设计是实际工作中最常用的硬件电路设计方法。对整个电路项目从宏观上划分为若干功能模块，根据项目实际结构与功能，将功能模块正确地连接起来，形成一个有机整体。单片机电路原理图可划分为 5 个功能模块：电源电路、控制电路、显示电路、下载电路、按钮矩阵电路，用自顶向下层次法设计绘制单片机层次电路原理图如图 6-1 所示。

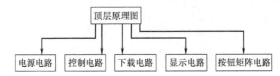

图 6-1　用自顶向下层次法设计绘制单片机层次电路原理图

（三）多层 PCB 设计

随着电子技术发展，高速度、高密度是现代电子产品的发展趋势之一，高速、低耗、小体积、抗干扰性良好的电子产品越来越多，对 PCB 设计也提出了更高的防干扰和布线特殊要求。为此，手机、计算机、U 盘、MP4 等高科技产品均已使用了 4 层以上 PCB 设计。这些 PCB 不仅有上、下两面布线，在板中间还设有走线较为简单的电源或接地层，并常用大面积填充办法来布线。上、下表面层与中间各层通过过孔（Via）来连通。多层 PCB 以其电路复杂、布线层数多、装配密度高、可靠性高、抗干扰能力强等特点广泛应用于高速电子设备中，有效解决了单面板、双面板中无法解决问题。因此，多层 PCB 设计是 PCB 设计人员必备技能之一。

（四）层次电路原理图设计中常用电气对象

绘制层次电路原理图时，需要用到另外两个电气对象，即图纸符号 和图纸入口 ，如图 6-2 所示。

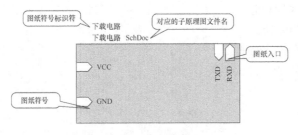

图 6-2　图纸符号和图纸入口

1. 图纸符号

执行"放置"→"图表符"命令，或单击"配线"工具栏中的"图表符"按钮，十字形工作光标上就会粘连一个绿色长方块，单击确定图表符起点，移动鼠标后再单击鼠标左键确定图表符终点即可放置图表符。双击图表符，打开"方块符号"对话框，如图 6-3 所示。只需填写以下两栏，其他不变。

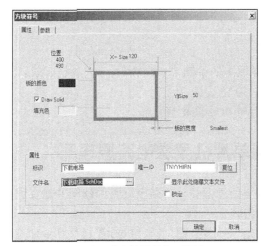

图 6-3 "方块符号"对话框

（1）"标识"栏：方块符号可以看成一个元器件。"标识栏"栏填入图纸符号的名称，类似元器件标识符，具有唯一性。

（2）"文件名"栏：具有唯一性，是该方块符号所代表电路原理图的文件名。

2．图纸入口

执行"放置"→"添加图纸入口"命令，或单击"配线"工具栏中的"放置图纸入口"按钮，十字形工作光标移到图表符号内边沿后，单击鼠标左键放置一个图纸入口。双击图纸入口（或在放置状态下，按"Tab"键），打开"方块入口"对话框，如图 6-4 所示。只需填写以下两栏，其他不变。

图 6-4 "方块入口"对话框

（1）"名称"栏：方块入口名称，应与子电路原理图中的相应端口名称一致。

（2）"I/O 类型"栏：要根据具体电路工作原理确定类型。有 4 种，即不确定型（Unspecified）、输入型（Input）、输出型（Output）和双向型（Bidirectional）。

> 提示　① 一个图纸符号内所有图纸入口只需单击一次"图纸入口"按钮。
> ② 若不知道图纸入口属性，可以暂时用不确定性型。

项目目标

- 单片机层次电路原理图的绘制。
- 单片机电路四层 PCB 的设计。
- 单片机电路原理图与 PCB 图相互更新。

任务 6.1　绘制单片机层次电路原理图

本任务介绍绘制顶层电路原理图、创建子电路原理图并建立层次关系、绘制子电路原理图、编译并保存项目等内容。

执行"文件"→"创建"→"工程"→"PCB 工程"命令新建"单片机四层板.PrjPCB" PCB 工程，并搭建好 PCB 工程框架，将原理图命名为"单片机四层板顶层.SchDoc"。

6.1.1　绘制顶层电路原理图

1. 图纸参数设置

（1）双击"单片机四层板顶层.SchDoc"原理图文件名，打开该空白图纸。

（2）执行"设计"→"文档选项"命令，打开"文档选项"对话框，在"方块电路选项"选项卡中设定为"使用自定义风格"，图纸大小为宽"800"、高"700"，捕获网格和可视网格均设置为"10"，电气网格设置为"4"。

（3）在"参数"选项卡中，"DrawnBy"参数值设置为自己姓名，"Title"数值设置为"单片机四层板顶层图"，"SheetNumber"数值设置为"1"，"SheetTotal"数值设置为"6"，如图 6-5 所示。

图 6-5　"参数"选项卡设置

（4）选中"参数选择"对话框中"Schematic"选项中的"转换特殊字符串"复选框。

（5）依次放置 4 个文本字符串，内容分别改为"=Title""=SheetNumber""= SheetTotal" "= DrawnBy"，顶层原理图标题栏如图 6-6 所示。

Title	单片机四层板顶层图		
Size A4	Number 1		Revision
Date: File:		Sheet of 6 单片机\单片机四层板顶层.SchDoc 姚四改	

图 6-6　顶层原理图标题栏

2．放置方块符号

执行"放置"→"图表符"命令，或单击"配线"工具栏中的"图表符"按钮，在图纸中放置 5 个方块符号，双击各个方块符号，打开每个方块符号的属性对话框，按照图 6-3 所示方法填写方块符号名称及其所代表的子电路原理图名称。

（1）将 5 个方块符号的"标识"栏分别填写为"控制电路""按钮矩阵电路""显示电路""电源电路""下载电路"。

（2）放置 5 个方块符号，如图 6-7 所示。将方块符号的"文件名"栏分别对应地改为"控制电路.SchDoc""按钮矩阵电路.SchDoc""显示电路.SchDoc""电源电路.SchDoc""下载电路.SchDoc"。

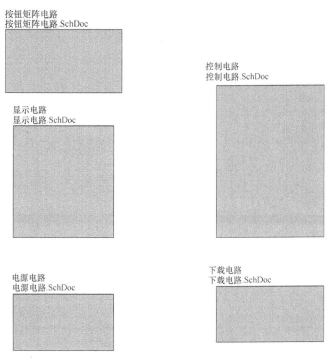

图 6-7　放置 5 个方块符号

3．放置图纸入口

执行"放置"→"添加图纸入口"命令，或单击"布线"工具栏中的"放置图纸入口"按钮可放置图纸入口。在 5 个图纸符号内部放置相应图纸入口，并修改其属性，注意以下图纸入口属性设置。

（1）在下载电路中，TXD 为输入端口，RXD 为输出端口。

（2）在控制电路中，P0 口、P1 口、P2 口、P32～P35 口为双向端口，RXD 为输入端口，

TXD 为输出端口。

（3）在显示电路中，P0 口、P24～P27 口为输入端口，P1 口为双向端口。

（4）在按钮矩阵电路中，P2 口、P32～P35 口为双向端口。

（5）电源电路中无输入、输出端口。

> **提示** 在层次电路设计时习惯上不把 VCC、GND 绘制在顶层图中。

4．连接各图纸符号

执行"放置"→"导线"命令，或单击"配线"工具栏中的"导线"按钮 ，根据电路工作原理连接各个图纸符号，单片机四层板顶层图如图 6-8 所示。

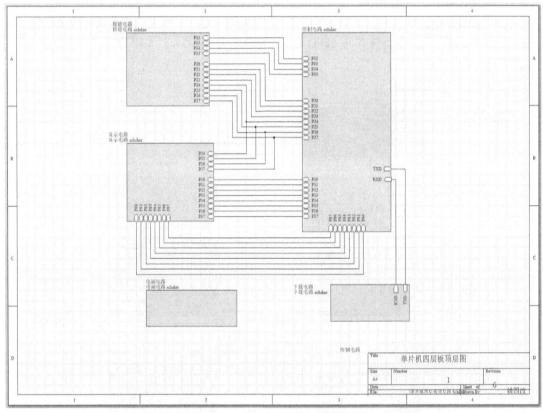

图 6-8　单片机四层板顶层图

6.1.2　建立电路原理图间层次关系

1．创建各子原理图空白图纸

双击"单片机四层板顶层图.SchDoc"文件名，打开该电路原理图，执行"设计"→"产生图纸"命令，将十字形工作光标对准"下载电路.SchDoc"图纸符号内部，单击鼠标左键，系统自动新建一张名为"下载电路.SchDoc"的图纸，如图 6-9 所示，并在图纸左下方有两个端口"TXD""RXD"。

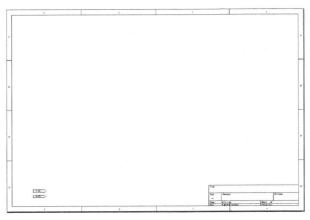

图 6-9　自动新建"下载电路.SchDoc"图纸

多次执行"设计"→"产生图纸"命令，根据顶层图中各个图纸符号，分别另外创建以下 4 张空白图纸："控制电路.SchDoc""按钮矩阵电路.SchDoc""显示电路.SchDoc"和"电源电路.SchDoc"。

2. 建立图纸间的层次关系

回到"单片机四层板顶层图.SchDoc"环境中，执行"工程"→"阅览通道"命令，6 张图纸建立起两层关系，"Projects"工作面板显示图纸间层次关系，如图 6-10 所示。这 6 张图纸形成了上、下两层关系，下层 5 张图纸之间是平等关系。

图 6-10　图纸间层次关系

3. 保存图纸

执行"文件"→"另存为"命令，分别将这 5 张空白图纸和单片机四层板顶层图都保存到用户盘上同一个目录中。

6.1.3　绘制子电路原理图

1. 绘制电源电路子原理图

（1）双击"Projects"工作面板上的"电源电路.SchDoc"文件名，打开电源电路空白图纸。

微课 6-2

（2）执行"设计"→"文档选项"命令，打开"文档选项"对话框，如图 6-11 所示，将图纸自定义为宽"600"、高"400"；"参数"选项卡的设置如图 6-12 所示，填写的"电源电路.SchDoc"图纸标题栏如图 6-13 所示。

图 6-11 "文档选项"对话框

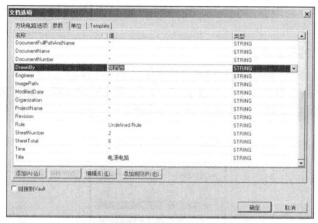

图 6-12 "参数"选项卡的设置

Title	电源电路		
Size A4	Number 2		Revision
Date:		Sheet of	6
File:	..\电源电路.SchDoc	Drawn By:	姚四改

图 6-13 "电源电路.SchDoc"图纸标题栏

（3）按照单张电路原理图绘制方法绘制"电源电路.SchDoc"，也可以复制前面项目已经绘制好的电源电路部分。

（4）执行"工程"→"Compile Document 电源电路.SchDoc"命令，打开"Messages"对话框，如图 6-14 所示，提示有两个"Warning"警告，可放置两个忽略检测符号。绘制的"电源电路.SchDoc"如图 6-15 所示。

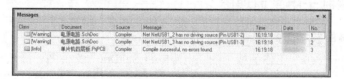

图 6-14 "Messages"对话框

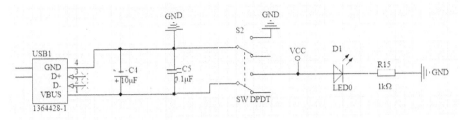

图 6-15 绘制的"电源电路.SchDoc"

2．绘制显示电路子原理图

（1）双击"Projects"工作面板上的"显示电路.SchDoc"文件名，打开显示电路空白图纸。

（2）执行"设计"→"文档选项"命令，打开"文档选项"对话框，将图纸自定义为宽"800"、高"600"，并填写图纸标题栏各参数。

（3）按照单张电路原理图绘制方法绘制"显示电路.SchDoc"，也可以复制前面项目已经绘制好的显示电路部分，并将自动产生的端口移到相对应位置。

（4）执行"工程"→"Compile Document 显示电路.SchDoc"命令，打开"Messages"对话框，无提示，说明电路绘制无问题。绘制的"显示电路.SchDoc"如图 6-16 所示。

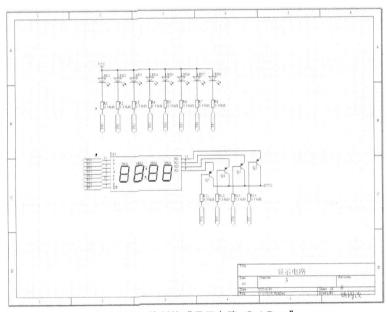

图 6-16 绘制的"显示电路.SchDoc"

3．绘制控制电路子原理图

（1）双击"Projects"工作面板上的"控制电路.SchDoc"文件名，打开控制电路空白图纸。

（2）执行"设计"→"文档选项"菜单命令，打开"文档选项"对话框，将图纸自定义为宽"800"、高"600"，并填写图纸标题栏各参数。

（3）按照单张电路原理图绘制方法绘制"控制电路.SchDoc"，也可以复制前面项目已经绘制好的控制电路部分，并将自动产生的端口移到相对应位置。

（4）执行"工程"→"Compile Document 控制电路.SchDoc"命令，打开"Messages"对话框，查看提示并解决提示中的问题。绘制的"控制电路.SchDoc"如图 6-17 所示。

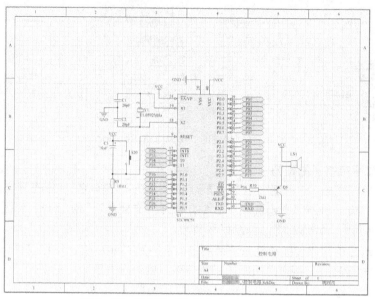

图 6-17　绘制的"控制电路.SchDoc"

4．绘制下载电路子原理图

（1）双击"Projects"工作面板上的"下载电路.SchDoc"文件名，打开下载电路空白图纸。

（2）执行"设计"→"文档选项"命令，打开"文档选项"对话框，将图纸自定义为宽"700"、高"600"，并填写好图纸标题栏各参数。

（3）按照单张电路原理图绘制方法绘制"下载电路.SchDoc"，也可以复制前面项目已经绘制好的下载电路部分，并将各个端口移到相对应位置。

（4）执行"工程"→"Compile Document 控制电路.SchDoc"命令，打开"Messages"对话框，查看提示并解决提示中的问题。绘制的"下载电路.SchDoc"如图 6-18 所示。

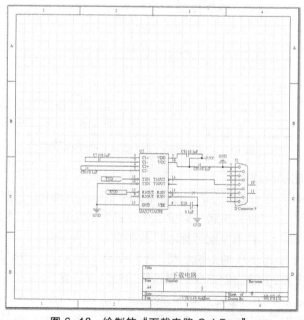

图 6-18　绘制的"下载电路.SchDoc"

5. 绘制按钮矩阵电路子原理图

（1）双击"Projects"工作面板上的"按钮矩阵电路.SchDoc"文件名，打开按钮矩阵电路空白图纸。

（2）执行"设计"→"文档选项"命令，打开"文档选项"对话框，将图纸自定义为宽"800"、高"600"，并填写图纸标题栏各参数。

（3）按照单张电路原理图绘制方法绘制"按钮矩阵电路.SchDoc"，也可以复制前面项目已经绘制好的按钮矩阵电路部分，并将各个端口移到相对应位置。

（4）执行"工程"→"Compile Document 按钮矩阵电路.SchDoc"命令，打开"Messages"对话框，查看提示并解决提示中的问题。绘制的"按钮矩阵电路.SchDoc"如图 6-19 所示。

> 提示　① 在绘制子原理图时可以利用已绘制好的单片机项目电路原理图，采用复制、粘贴的方式提高绘图速度。
> ② 每位同学绘制工程时元器件标识符可能有所不同。

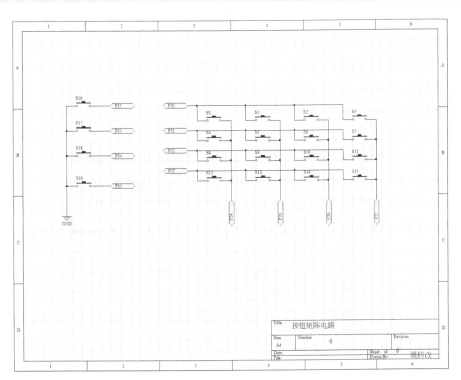

图 6-19　绘制的"按钮矩阵电路.SchDoc"

6.1.4　编译检测、修改与保存

执行"工程"→"Compile PCB Project 单片机四层板.PrjPCB"命令，编译整个项目，"Messages"编译检测信息如图 6-20 所示，面板上显示无任何错误信息，说明该层次电路图的绘制基本没有问题。最后保存项目文件完成原理图的绘制工作。

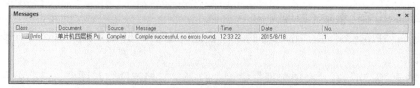

图 6-20　"Messages"编译检测信息

任务 6.2　人工规划单片机电路四层 PCB

本次任务介绍设置 PCB 环境参数、人工规划 PCB 等。

在本项目中将设计出图 6-21 所示的单片机电路四层 PCB，技术指标要求如下。

（1）四层板，PCB 尺寸为 5500mil×3300mil，禁止布线区与 PCB 边缘距离为 200mil。

（2）信号层安全间距为 10 mil，电源、接地层的安全间距为 20 mil。

（3）时钟线铜膜导线宽度为 40 mil，其他铜膜导线宽度为 20 mil，导线拐角为 45°。

（4）在 4 角放置 4 个圆形安装孔，孔径为 120 mil。

（5）电源、接地层的连接方式为辐射状连接（Relief Connect），导线宽度、空隙间距和扩展距离均为 24mil。

（6）采用插针式元器件，所有焊盘或过孔补泪滴。

（7）对所有信号层覆铜。覆铜接入地网络，与地网络连接方式为 Relief Connect，导线宽度为 24mil。

（8）对 PCB 进行设计规则检测。

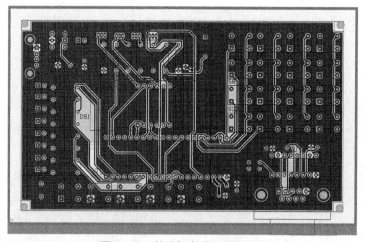

图 6-21　单片机电路四层 PCB

6.2.1　设置 PCB 环境参数

1. 打开工程并设定坐标原点

（1）打开"单片机四层板.PrjPCB"工程，打开"单片机四层板.PcbDoc"文件，如图 6-22 所示。

（2）执行"编辑"→"原点"→"设置"命令，将电路板左下角设定为坐标原点。

图 6-22　打开"单片机四层板.PcbDoc"文件

2．设置 PCB 选择项

右击图 6-22 中电路板空白处，打开快捷菜单，执行"选择"→"栅格"命令，打开"栅格管理器"对话框，如图 6-23 所示。双击"描述"栏，打开"Cartesian Grid Editor"对话框，如图 6-24 所示，将网格步进值改为"10mil"。

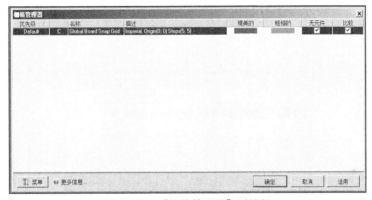

图 6-23　"栅格管理器"对话框

图 6-24　"Cartesian Grid Editor"对话框

3．设定四层板参数

执行"设计"→"层堆栈（叠）管理"命令，打开"Layer Stack Manager（层堆栈管理器）"对话框，如图 6-25 所示。单击 Presets ▼ 按钮，弹出"Presets"快捷菜单，如图 6-26 所示，选择第 2 项"Four Layer(2×Signal,2×Plane)"，打开"Load Preset"对话框，如图 6-27 所示，单击"是"按钮，四层板具体参数设置如图 6-28 所示，设置完成后单击"OK"按钮关闭对话框。

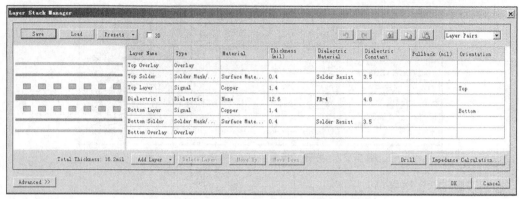

图 6-25　"Layer Stack Manager"对话框

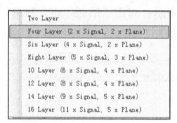

图 6-26　"Presets"快捷菜单

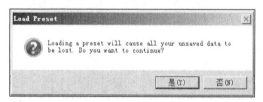

图 6-27　"Load Preset"对话框

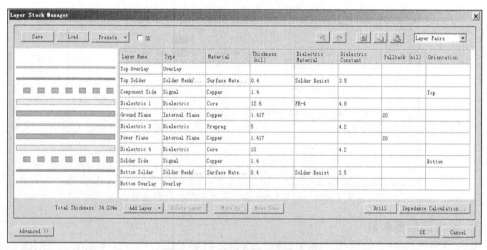

图 6-28　四层板具体参数设置

4．设置显示板层颜色

执行"设计"→"板层颜色"命令，打开"视图配置"对话框，"板层和颜色"选项卡的设置如图 6-29 所示。单击"确定"按钮后，关闭对话框。

图 6-29　"板层和颜色"选项卡的设置

6.2.2　人工规划 PCB

（1）执行"设计"→"板子形状"→"根据板子外形生成线条"命令，打开"从板外形而来的线/弧原始数据"对话框，如图 6-30 所示，确认后在电路板四周加上外框。将十字形工作光标分别放到上面、右边两根边框上并移动它们，将长方形尺寸缩小为 5500mil × 3300mil。

图 6-30　"从板外形而来的线/弧原始数据"对话框

（2）按住鼠标左键框选整个 PCB，执行"设计"→"板子形状"→"按照选择对象定义"命令，将 PCB 大小改为 5500mil × 3300mil，裁去多余部分。

（3）用快捷键"+"或"−"将 PCB 当前工作层改为"Keep-Out Layer"，执行"放置"→"走线"命令，放置一个 5300mil × 3100mil 的封闭矩形，电气边界 4 个顶点坐标分别为（200mil，200mil）、（5300mil，200mil）、（5300mil，3100mil）、（200mil，3100mil），距物理边界 200mil。电气边框线宽设置如图 6-31 所示。设置完成的 PCB 边框效果如图 6-32 所示。

提示　① 物理边界定义了 PCB 实际物理尺寸。

　　　② 电气边界定义了在 PCB 上可以放置元器件和布线的区域。

　　　③ 按 "Q" 键可以将环境单位在 mm 与 mil 之间转换。

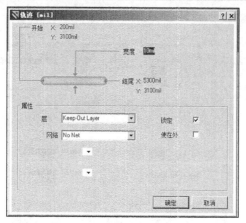

图 6-31　电气边框线宽设置

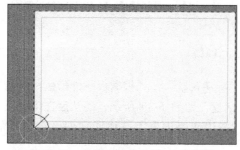

图 6-32　设置完成的 PCB 边框效果

（4）刷新软件，PCB 外框即可全部显示出来。

（5）用快捷键 "+" 或 "−" 将 PCB 当前工作层改为 "Mechanical 1"，先后执行 "放置" → "走线" 命令和 "放置" → "尺寸" 命令，将 PCB 的尺寸标注出来，如图 6-33 所示。

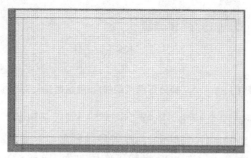

图 6-33　尺寸标注

（6）执行 "放置" → "焊盘" 命令，或单击 "配线" 工具栏中的 "焊盘" 按钮 ◎，在 PCB 四周放置 4 个安装孔。安装孔参数的设置如图 6-34 所示。

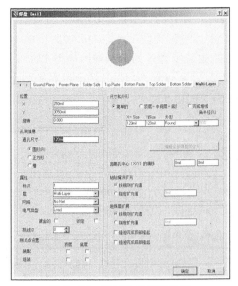

图 6-34　安装孔参数的设置

（7）用快捷键"+"或"－"将 PCB 当前工作层改为"Keep-Out Layer"，执行"放置"→"走线"命令，将 4 个安装孔围起来，安装孔放置完成后的 PCB 如图 6-35 所示。

图 6-35　安装孔放置完成后的 PCB

任务 6.3　设计单片机电路四层 PCB

本次任务介绍检查修改各元器件封装类型、载入网络表、手工模块化布局、布线规则设置、PCB 自动布线及分层显示、PCB 优化处理等。

6.3.1　检查、修改单片机电路原理图中各元器件封装类型

分别在 6 张电路原理图文件中，从左到右、从上到下依次双击元器件检查电路图中所有元器件封装类型。每个元器件属性对话框中"Models"区域一定要有"Footprint"栏且"Name"处有封装类型名称，单击 Edit... 能看见具体封装类型。

检查时注意：

（1）所有发光二极管的封装类型均为 PIN2。

（2）自锁开关 S2 的封装类型改为自制封装类型 SWITCH。

（3）钊状数据口 J1 封装改为自制封装类型 DB9/M。

（4）U1 集成块 STC89C51 的封装类型指定为 DIP40。

（5）开关 S1、S3...S22 的封装类型改为自制封装类型 BUTTON。

（6）0.1μF 电容封装类型改为 RAD0.1，10μF 的电容封装类型改为 RB5-10.5。

（7）蜂鸣器封装类型改为 RB7.6-15。

（8）保存更改后的原理图文件。

6.3.2 载入网络表

（1）在 PCB 环境中，执行"设计"→"Import Changes From 单片机四层板.PrjPCB"命令，打开"工程更改顺序"对话框，如图 6-36 所示。

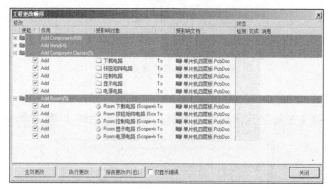

图 6-36 "工程更改顺序"对话框

（2）单击"生效更改""执行更改"按钮，将电路原理图中的元器件封装类型、网络连接、元器件类、Room 空间等信息载入到 PCB 环境中，载入结果如图 6-37 所示，"检测"与"完成"两列都是，说明载入时没有任何错误（若有❌则应该根据提示修改电路原理图中的相关内容），关闭对话框，载入完成后的 PCB 文件如图 6-38 所示。

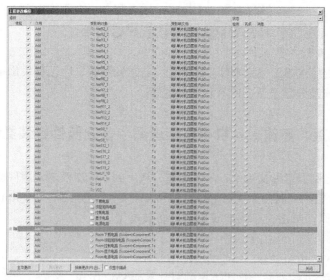

图 6-37 载入结果

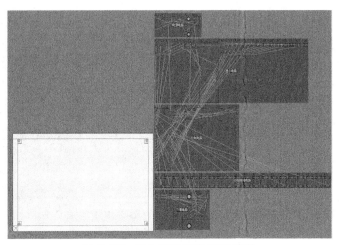

图 6-38　载入完成后的 PCB 文件

提示　① 一定要保证"检查"列没有⊗，才能单击"执行变化"按钮载入网络表，否则载入的内容会有缺陷。

② 所有默认 Room 空间均要载入。

6.3.3　手工模块化布局

（1）设置布局规则。执行"设计"→"规则"命令，打开"PCB 规则及约束编辑器"对话框，"Placement"选项的设置如图 6-39 所示，设置元器件之间绝缘间隔为"5mil"。由于元器件较多，也可把这个值略微改小一点。

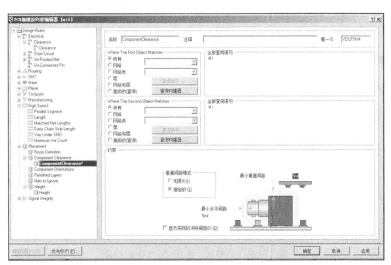

图 6-39　"Placement"选项的设置

（2）单击电源电路 Room 空间，电源电路 Room 空间被选中，按住鼠标左键将电源电路 Room 空间移动到 PCB 内，单击"Delete"键删除 Room 空间。其他 Room 空间可依次这样操作，按钮矩阵电路可缓一步进入 PCB 内，手动初次布局效果如图 6-40 所示。

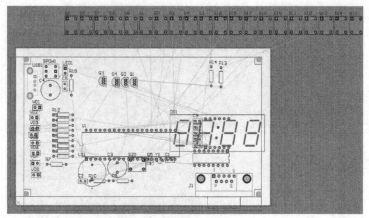

图 6-40　手动初次布局效果

（3）特殊元器件位置锁定。单片机电路接插件 USB1、串行口 J1 位置需锁定，方法如下。

① 执行"编辑"→"跳转"→"器件"命令，在打开的"Component Designator"文本框中填入要查找的元器件编号，如图 6-41 所示，单击"确定"按钮，光标将自动定位于元器件 USB1 处，将其拖动到相应位置，按"Tab"键打开"元件 USB1"属性对话框，如图 6-42 所示，选中"锁定"复选框，单击"确定"按钮关闭对话框。

图 6-41　填入要查找的元器件编号

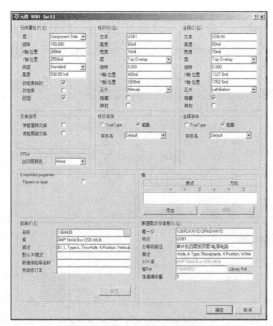

图 6-42　"元件 USB1"属性对话框

② 用同样方法将元器件 J1 移到相应位置，并锁定。

（4）手动布局。利用图 6-43 所示的对齐工具对元器件进行排列、对齐、移动、旋转等，所有元器件距 PCB 边缘要大于等于 3mm，所有标识符不能放在元器件图形上，同一个 Room 空间内元器件尽量布局在一起。

（5）通过反复进行手动调整，最终布局效果如图 6-44 所示。

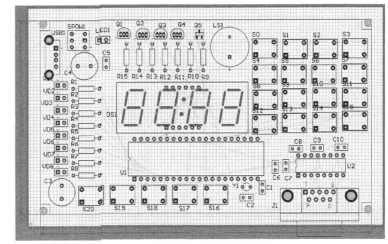

图 6-43　对齐工具 　　　　　　　图 6-44　最终布局效果

提示　① 手动或自动布局时，不会对锁定元器件进行布局。
　　　② 当操作涉及锁定对象时，只有取消锁定才可以重新对其进行操作。

6.3.4　布线规则设置

（1）设置电气规则。执行"设计"→"规则"命令，打开"PCB 规则及约束编辑器"对话框，选择"Electrical"选项，根据 PCB 设计技术指标要求，设置信号层电气对象间安全间距"Clearance"为"10mil"，如图 6-45 所示。

图 6-45　设置电气对象间安全间距"Clearance"

（2）设置布线规则。在"PCB 规则及约束编辑器"对话框中选择"Routing"选项，根据 PCB 制作技术要求设置线宽、布线层、布线转角，如图 6-46～图 6-50 所示。其中，时钟网络铜膜导线宽度为"40 mil"，其他铜膜导线宽度为"20 mil"，导线拐角为"45°"。

图 6-46 "Width"线宽设置

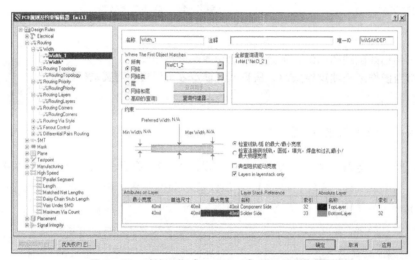

图 6-47 时钟网络"NetC1_2"特殊线宽设置

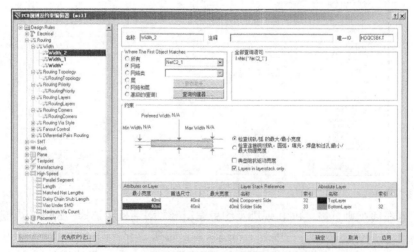

图 6-48 时钟网络"NetC2_1"特殊线宽设置

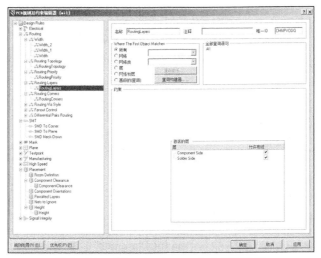

图 6-49　"RoutingLayers"布线层设置

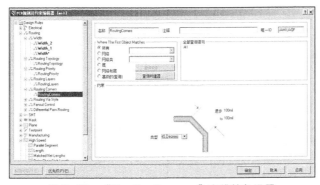

图 6-50　"RoutingCorners"布线转角设置

（3）设置内部电源、接地层规则。在"PCB 规则及约束编辑器"对话框中选择"Plane"选项，根据 PCB 技术指标要求设置电源、接地层连接方式为"Relief Connect"，导线宽度、空隙间距和扩展距离均为"0.6mm"，覆铜接入地网络与地网络连接方式为"Relief Connect"，导线宽度为"0.6mm"。具体设置如图 6-51～图 6-53 所示。

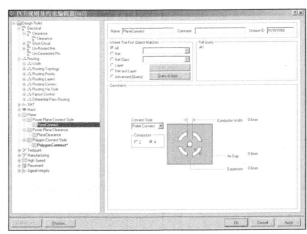

图 6-51　"PlaneConnect"设置

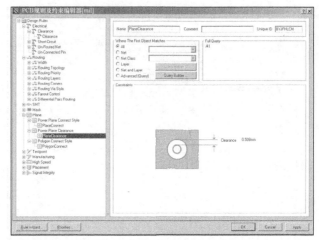

图 6-52　"PlaneClearance" 设置

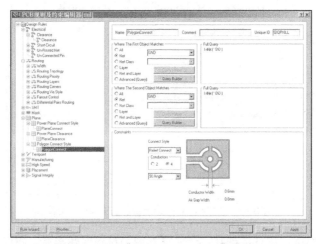

图 6-53　"PolygonConnect" 设置

（4）设置 PCB 制作规则。在"PCB 规则及约束编辑器"对话框中选择"Manufacturing"选项，结合 PCB 制板厂技术要求，设置相关参数，如图 6-54～图 6-57 所示。

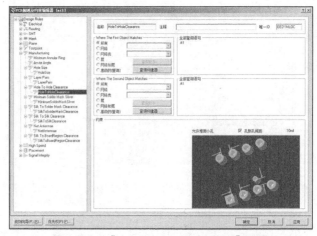

图 6-54　"HoleToHoleClearance" 设置

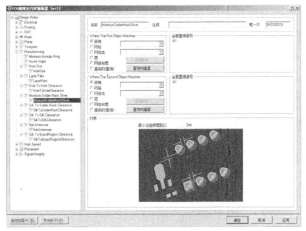

图 6-55 "MinmumSolderMaskSliver" 设置

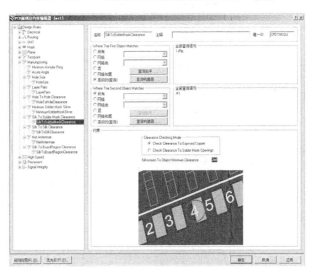

图 6-56 "SilkToSolderMaskClearance" 设置

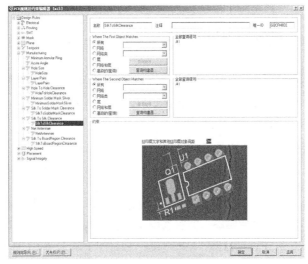

图 6-57 "SilkToSilkClearance" 设置

（5）设置内电层连接网络。双击 PCB 文件下方板层名"Ground Plane""Power Plane"，分别打开图 6-58 与图 6-59 所示的两个对话框，将 Power Plane 层网络名设置为"VCC"；将 Ground Plane 层网络名设置为"GND"。此时 PCB 中原来连接到 GND 网络的所有飞线均连到内层 Ground Plane，PCB 中原来连接到 VCC 网络的所有飞线均连到内层 Power Plane，效果如图 6-60 所示。

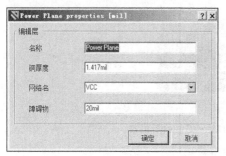

图 6-58　设置 Power Plane 层的网络名为"VCC"　　图 6-59　设置 Ground Plane 层的网络名为"GND"

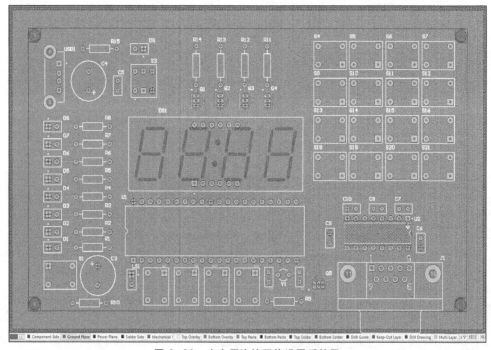

图 6-60　内电层连接网络设置后效果

6.3.5　PCB 自动布线及分层显示

1. 自动布线

执行"自动布线"→"全部"命令，打开"Situs 布线策略"对话框，如图 6-61 所示，选择"Via Miser"过孔最少布线策略，同时选中"布线后消除冲突"复选框，单击 Route All 按钮执行自动布线。布线完成后会打开"Messages"对话框，如图 6-62 所示，自动布线完成的四层 PCB 如图 6-63 所示。

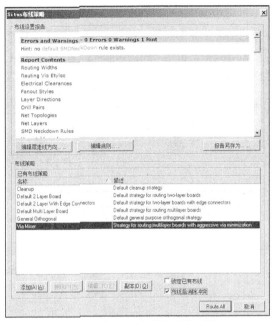

图 6-61 "Situs 布线策略"对话框

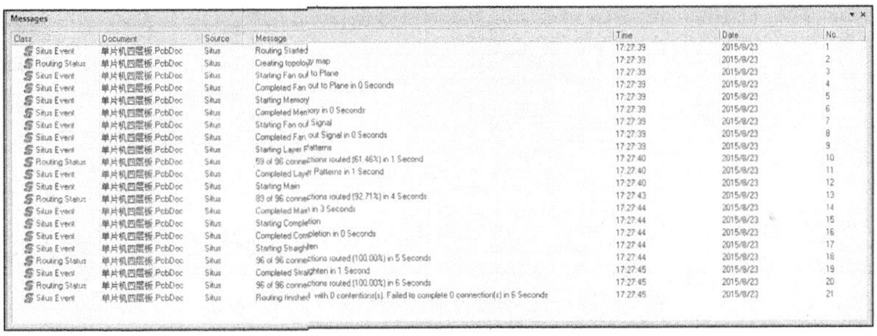

图 6-62 "Messages"对话框

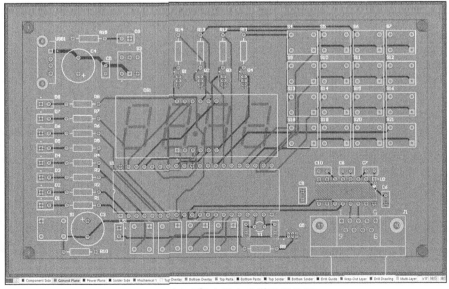

图 6-63 自动布线完成的四层 PCB

2. 分层显示布线

执行"设计"→"板层颜色"命令，在"视图配置"中选中与顶层信号层有关的板层，如图 6-64 所示，单击"确定"按钮后 PCB 顶层布线图如图 6-65 所示。底层信号层单层显示、地内电层单层显示、电源内电层单层显示和对应的布线图如图 6-66～图 6-71 所示。

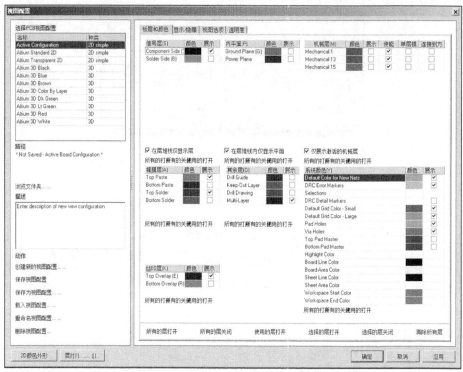

图 6-64　选中与顶层信号层有关的板层

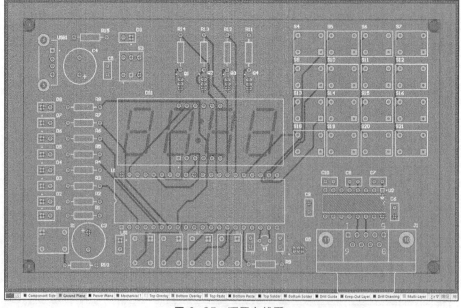

图 6-65　顶层布线图

图 6-66　选中与底层信号层有关的板层

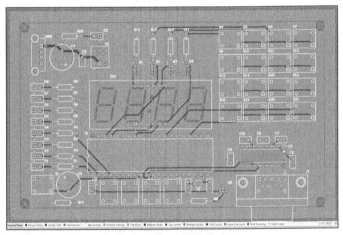

图 6-67　底层布线图

图 6-68　选中与地内电层有关的板层

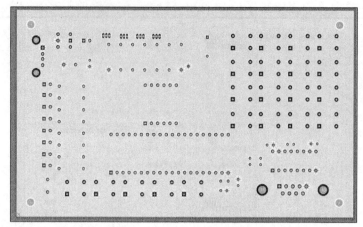

图 6-69 地内电层布线图

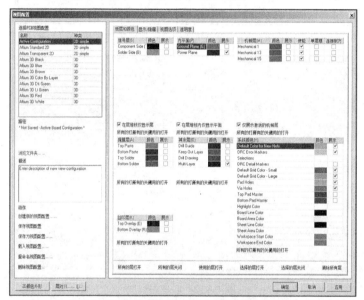

图 6-70 选中与电源内电层有关的板层

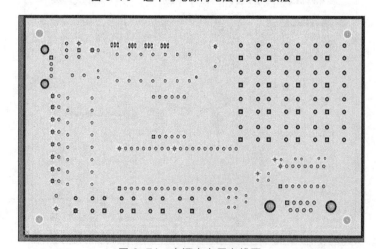

图 6-71 电源内电层布线图

6.3.6 布线后 PCB 的优化处理

1. 线的优化

（1）通过观察图 6-64～图 6-71，底层自动布线结果较为满意，不需要再进行手动调整布线。

（2）将 PCB 当前工作层改为"Component Side"，执行"放置"→"交互式布线"命令，调整顶层布线，调整后的顶层布线效果如图 6-72 所示。

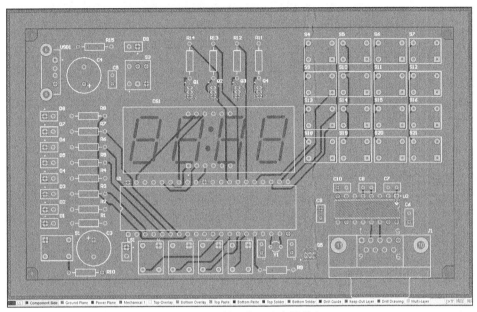

图 6-72　调整后的顶层布线效果

2. 泪滴优化

（1）执行"工具"→"泪滴"命令，打开"泪滴选项"对话框，并进行相关设置。

（2）完成泪滴优化后的局部效果如图 6-73 所示。

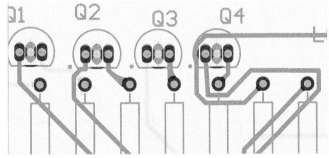

图 6-73　泪滴优化后的局部效果

3. 设计规则检测

请将放在焊盘上的字符移开，执行"工具"→"设计规则检测"命令，打开"设计规则检测"对话框，如图 6-74 所示，设置检测项，单击"运行 DRC"按钮进行检测，设计规则检测结果如图 6-75 所示。

图 6-74　"设计规则检测"对话框

图 6-75　设计规则检测结果

4．覆铜优化

（1）将工作层切换到"Component Side"。

（2）执行"放置"→"覆铜"命令，打开"多边形覆铜"对话框，其设置如图 6-76 所示。

图 6-76　"多边形覆铜"对话框设置

（3）单击图 6-76 中的"确定"按钮，在覆铜范围各个端点处单击确定覆铜位置，顶层覆铜后的效果如图 6-77 所示。

提示　覆铜区域必须为封闭多边形状，必须接地。

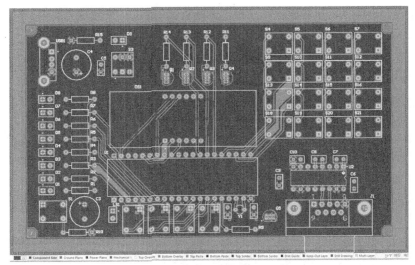

图 6-77　顶层覆铜后的效果

（4）用同样方法对"Solder Side"工作层进行覆铜操作，底层覆铜后的效果如图 6-78 所示。

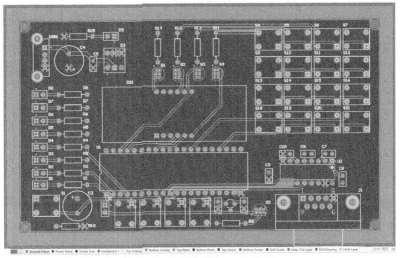

图 6-78　底层覆铜后的效果

学生悟道

1．内部电源分割的方法是什么？
2．多层板主要用到哪些类型的连接孔？

技能链接七　多层板内部电源层的分割方法

在单片机电路四层板工程中，中间两层网络名分别定义为"VCC"和"GND"，在实战项目 USB 移动电子盘工程中（见图 6-84），电路图中有 3 种电源 VD3V3、VD1V8、VDD5 和一种地（GND），而四层板只有一个电源层，所以需要对电源内层进行分割。方法和步骤如下。

（1）PCB 板面太小，需要将字符改小。利用批量修改方法将所有字符高改为 35mil、宽为 10mil，并放置在对应元器件附近，便于使用。

（2）元器件布局。TOSHIBA FLASH 闪存元器件放置到焊接面（底层），其他元器件放置在顶层。根据电路原理图和电路中电源种类（VD3V3、VD1V8、VDD5）情况布置相关元器件位置，尽量将与同一种电源相关联的元器件引脚放在一起。

（3）将当前板层改为"Power Plane"层，分割内电源层"Power Plane"。

① 布局时将 R1、R4、C5、C9 尽量靠近集成块 IC1 的"1"脚，执行"放置"→"走线"命令画一个封闭多边形，如图 6-79 所示，双击该多边形，在打开的对话框中选择"SplitPlane"项，将"连接到网络"栏改为 VDD5，如图 6-80 所示。

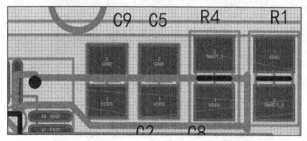

图 6-79 电源 VDD5 分割区域

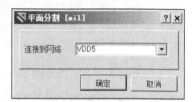

图 6-80 确定 VDD5 分割区域

② 由于电源 VD1V8 分布较散，所以布局时将 C2、C7、C8、C11 尽量靠近，执行"放置"→"走线"命令画一个封闭多边形，如图 6-81 所示，双击该多边形，在打开的对话框中选择"SplitPlane"项，将"连接到网络"栏改为"VD1V8"，如图 6-82 所示。

③ 由于电源 VD3V3 分布较散且数目多，所以双击内电源层"Power Plane"其他空白位置，将其设置成电源"VD3V3"区域，如图 6-83 所示。

最终将 Power Plane 电源层分割成了 3 块。

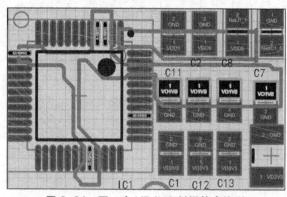

图 6-81 画一个 VD1V8 封闭的多边形

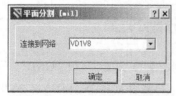

图 6-82 确定 VD1V8 分割区域

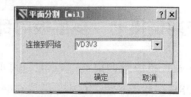

图 6-83 确定 VD3V3 分割区域

（4）布线后，只要与这三种电源相连的元器件引脚均会通过过孔，将它们直线连接到内电源层"Power Plane"的相关分割区内，从而实现电气连接。

实战项目十一　设计 USB 移动电子盘四层 PCB

USB 移动电子盘原理图中所有元器件均采用表面贴装式封装类型，试绘制 USB 移动电子盘电路，如图 6-84 所示，并设计其 PCB，如图 6-85 所示，图 6-86～图 6-89 是 USB 四层板各层图形，仅供参考。USB 移动电子盘 PCB 技术指标要求如下。

（1）四层板，PCB 尺寸为 1800mil×600mil，禁止布线区与 PCB 边缘的距离为 30mil。

（2）最小间距为（2～4）mil，放置一个安装孔，孔径大小为 60mil。

（3）最小铜膜导线宽度为 5mil，电源（VCC）、地线（GND）的铜膜导线优选宽度为 8mil，导线拐角为 45°。

（4）对电路两面大面积覆铜（与地相连）。

（5）在 PCB 顶层、底层均放置 Mark 点，并对 PCB 进行设计规则检测。

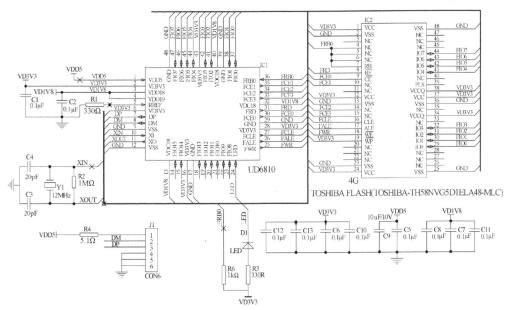

图 6-84　USB 移动电子盘电路

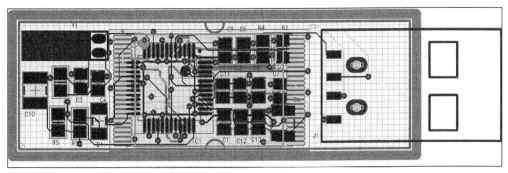

图 6-85　USB 移动电子盘电路的 PCB

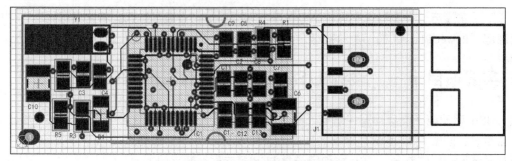

图 6-86 PCB 顶层布线图

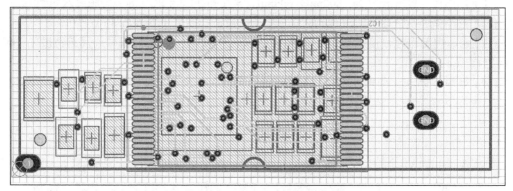

图 6-87 PCB 底层布线图

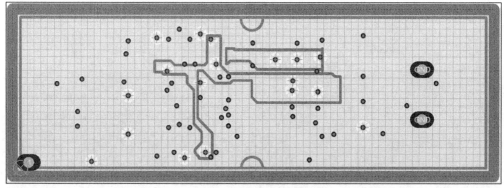

图 6-88 内电源层分割图

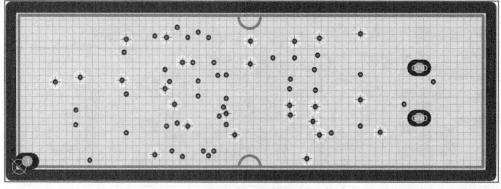

图 6-89 地层图